本书由复旦大学出版基金资助出版

古陶瓷修复基础

俞 蕙　杨植震 ◎ 编著

目　录

第一章　前言 1
　第一节　文物保护与修复 1
　　一、文物保护与修复的定义 1
　　二、文物保护与修复简史 3
　　三、文物保护与修复的道德准则 6
　第二节　古陶瓷修复 9
　　一、什么是古陶瓷修复 9
　　二、古陶瓷修复的类型 9
　　三、古陶瓷的保护与修复 10
　第三节　我国古陶瓷修复的发展与研究现状 10
　　一、我国古陶瓷修复行业的过去与现在 10
　　二、我国古陶瓷修复研究存在的问题和努力方向 13

第二章　古陶瓷修复的环境设施 16
　第一节　修复室的建设 16
　　一、修复室内布局 16
　　二、修复室内环境要求 17
　第二节　古陶瓷修复的工具与设备 18
　　一、工具 18
　　二、设备 19

第三章　检查与记录 21
　第一节　检查 21
　　一、检查的定义 21
　　二、检查工具 21

　　　　三、检查的内容 …………………………………… 22
　　第二节　记录 ………………………………………… 32
　　　　一、记录的定义 …………………………………… 32
　　　　二、记录的内容 …………………………………… 32

第四章　清洗与拆分 …………………………………… 38
　　第一节　清洗 ………………………………………… 38
　　　　一、清洗的定义 …………………………………… 38
　　　　二、清洗前的准备 ………………………………… 38
　　　　三、清洗的方式 …………………………………… 40
　　第二节　拆分 ………………………………………… 49
　　　　一、拆分的定义 …………………………………… 49
　　　　二、拆分前的准备 ………………………………… 49
　　　　三、拆分对象及方法 ……………………………… 50

第五章　拼接与加固 …………………………………… 55
　　第一节　拼接 ………………………………………… 55
　　　　一、拼接的定义 …………………………………… 55
　　　　二、预拼 …………………………………………… 55
　　　　三、粘结原理 ……………………………………… 56
　　　　四、粘结剂的选择 ………………………………… 57
　　　　五、粘结剂的类型 ………………………………… 58
　　　　六、拼接方法 ……………………………………… 62
　　　　七、固定方式 ……………………………………… 64
　　第二节　加固 ………………………………………… 65
　　　　一、加固的定义 …………………………………… 65
　　　　二、加固剂的选择 ………………………………… 66
　　　　三、加固方式 ……………………………………… 67
　　　　四、常用加固剂 …………………………………… 69

第六章　配补 …………………………………………… 71
　　第一节　配补的定义 ………………………………… 71

一、填补 …………………………………………… 71
　　二、模补 …………………………………………… 71
　　三、塑补 …………………………………………… 72
第二节　配补材料 ……………………………………… 72
　　一、填补材料 ……………………………………… 72
　　二、印模材料 ……………………………………… 76
第三节　翻模复制技术 ………………………………… 81
　　一、材料工具的准备 ……………………………… 81
　　二、翻模的工艺流程 ……………………………… 81
　　三、翻模实例 ……………………………………… 83
第四节　塑补技术 ……………………………………… 88
　　一、准备工作 ……………………………………… 88
　　二、材料与方式 …………………………………… 88
　　三、塑补实例（环氧树脂粘结剂 + 滑石粉）…… 89

第七章　上色（一） ……………………………………… 91
　第一节　上色 ………………………………………… 91
　第二节　工作环境 …………………………………… 92
　　一、光线照明 ……………………………………… 92
　　二、通风设备 ……………………………………… 92
　第三节　上色材料 …………………………………… 93
　　一、粘结剂（上色介质）…………………………… 93
　　二、颜料 …………………………………………… 95
　　三、稀释剂（溶剂）………………………………… 99
　　四、消光剂 ………………………………………… 99
　　五、打磨材料 ……………………………………… 101
　第四节　上色工具 …………………………………… 101
　　一、喷枪设备 ……………………………………… 101
　　二、画笔 …………………………………………… 103

第八章　上色（二） ……………………………………… 105
　第一节　上色方法 …………………………………… 105

一、上色流程 ·················· 105
　　　二、上色技术 ·················· 106
　　　三、调色 ····················· 109
　第二节　上色实例 ················· 111
　　　一、喷枪上色（丙烯酸酯漆）······ 111
　　　二、丙烯画颜料上色 ············ 115
　　　三、其他颜料的上色 ············ 117

第九章　出土陶瓷器的现场保护与修复 ··· 119
　第一节　考古出土文物的保护 ········ 119
　　　一、前期准备 ················· 119
　　　二、现场保护与修复 ············ 119
　　　三、实验室保护与修复 ·········· 120
　　　四、环境控制下的保存 ·········· 120
　第二节　出土陶瓷器的现场保护修复操作 ·· 120
　　　一、发掘阶段 ················· 121
　　　二、清洗阶段 ················· 122
　　　三、修复阶段 ················· 124
　　　四、预防性保护 ··············· 124

第十章　陶瓷器的保存与养护 ········· 127
　第一节　陶瓷器的保存环境 ········· 127
　第二节　陶瓷器的管理 ············· 128

第十一章　古陶瓷修复材料 ··········· 135
　第一节　清洗剂 ··················· 135
　　　一、水 ······················· 135
　　　二、酸类清洗剂 ··············· 135
　　　三、碱类清洗剂 ··············· 138
　　　四、表面活性剂 ··············· 139
　　　五、氧化剂 ··················· 139
　　　六、螯合剂 ··················· 140

七、有机溶剂 ································· 141
第二节　粘结剂、加固剂、上色介质 ················· 142
　　　一、环氧树脂 ································· 142
　　　二、α-氰基丙烯酸酯 ··························· 142
　　　三、丙烯酸酯树脂 ····························· 142
　　　四、聚醋酸乙烯酯(PVAC) ······················· 143
　　　五、硝酸纤维素 ······························· 143
　　　六、虫胶 ····································· 144
　　　七、丙烯酸酯乳液 ····························· 144
　　　八、脲醛树脂 ································· 144
　　　九、聚氨酯树脂 ······························· 145
　　　十、聚酯树脂 ································· 145
第三节　配补材料 ································· 146
　　　一、填补材料 ································· 146
　　　二、填料 ····································· 147
　　　三、印模材料 ································· 148
　　　四、打磨材料(工具) ··························· 149
第四节　颜料 ····································· 150
　　　一、白色颜料：钛白、锌钛白 ··················· 151
　　　二、黄色颜料：铁黄、镉黄、钛镍黄 ············· 151
　　　三、红色颜料：铁红(氧化铁红、土红)、镉红 ····· 151
　　　四、绿色颜料：氧化铬绿、氧化翠铬绿、灰绿 ····· 152
　　　五、蓝色颜料：群青、铁蓝(普蓝)、钴蓝 ········· 153
　　　六、棕色颜料：氧化铁棕、赭石、深赭、生褐、熟褐、
　　　　　马斯棕 ··································· 153
　　　七、黑色颜料：炭黑、氧化铁黑 ················· 154

编后的话 ··· 158

第一章 前 言

第一节 文物保护与修复

一、文物保护与修复的定义

一般而言,"文物保护"(conservation)指以延长器物的寿命、防止自然老化或意外破坏为目标的一切操作行为。"文物修复"(restoration)被视作像外科手术那样,除去外部增生、替换损坏或缺失的材料,直到恢复器物的原初状态。"文物保护"的目的是为了持久保存文物,而"文物修复"更侧重外观形象的复原,便于人们对文物的欣赏与理解(如图1)。

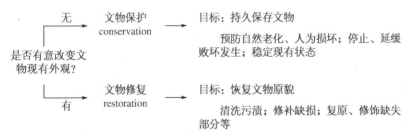

图1 "文物保护"与"文物修复"操作的区分

在西方国家,"文物保护"与"文物修复"两个词常被混用,这是由于各国的语言差异所造成的。英语中的"保护师"(conservator),其工作包括文物材质研究、预防性保护、器物的加固、稳定等所有对文物及其环境实施的操作。法语、意大利语等拉丁语系国家,更习惯用"修复师(restaurateur)"而不是英语中的"保护师(conservator)"来称呼这个行业的专门人员。法语里也有"保护师(conservateur)"这个词,但相当于英语里的"保管员(curator)"(如表1)。英语也有"修复师(restorer)",但已经很少在博物馆界使用,特指那些为古董买卖服务的修复绘画或古物的人。总之,由于欧洲各国家对"保护"和"修复"有不同的定义和习惯用法,当进行国际交流时,难免会造成许多混淆,于是就诞生了"文物保护—修复(conservator-restoration)"、"文物保护师—修复师(conservator-restorer)"等新词汇,分别用于指代广义的"文物保护"与该领域的从业人员,从而避免语言翻译过程中产生的误解和混淆。

表1 "文物保护师与修复师"英法词汇对照

英语	法语	法语／英语
curator	conservateur	conservateur-restaurateur/
conservator	restaurateur	conservator-restorer

根据2002年E.C.C.O. Professional Guidelines,文物保护与修复人员的职责被归纳为:安排决策;诊断检查;起草保护计划和处理建议;预防性保护;保护-修复处理;对观察到的和干预性的处理进行记录等。其中,预防性保护、保护-修复处理都属于对文物的干预性操作,E.C.C.O. Professional Guidelines也对其进行了定义:

- **预防性保护**:通过创造文物保存的最佳环境来延缓败坏或者预防损伤的间接行为,要尽可能与其社会用途相符。预防性保护也包括正确的取放、运输、使用、存放、展示方法。它也涉及出于保存原物的目的而复制的相关问题。
- **保护**:主要是为了稳定状态、延缓败坏加重而对文化遗产采取的直接行为。(此处定义的"保护"相当于"干预性保护"的概念。)
- **修复**:对于损坏或败坏的文化遗产采取的直接行为,其目的是为了便于对其观看、欣赏和理解,同时也尽可能尊敬其美学、历史和物质的特点。

"文物保护"可分为"预防性保护"与"干预性保护"两类,前者是针对败坏原因的间接干预,后者是针对败坏后果的直接干预。其中

"干预性保护"(或"治疗性保护")与"文物修复"操作的出发点有所不同,但两者都是直接作用于文物的操作行为,而且实际工作中许多操作往往兼具保存与复原的目的(如图2),例如:文物清洗,既有清除有害物质的保护意义,同时也为了恢复文物的原貌。由此可见,"文物修复"与"文物保护"联系密切,在许多环节上有所重叠,并非泾渭分明的两个领域。

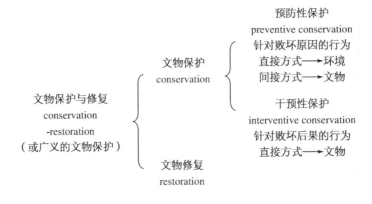

图2 "文物保护与修复"的分类

二、文物保护与修复简史

19世纪,西方考古学、博物馆事业、私人收藏兴盛发展,考古发掘品或者文物艺术品的数量急速增加,对保护与修复的社会需求也随之增多。不仅如此,修复对象的类型、败坏状态较之前更为复杂多样,公共博物馆兴起激起的公众对文物艺术品的热情与关注,都为文物保护与修复带来更多有待解决的问题和全新的挑战。

19世纪末20世纪初,科学研究正式进入文物保护与修复领域,其标志就是在博物馆建立科学保护实验室。最早的文物保护科学实验室是由科学家Friedrich Rathgen于1888年在德国柏林的皇家博物馆(Royal Museum, Berlin)建立的,Rathgen测试了从文献资料中获得的保护古物的配方,而后将其施用在文物修复中,1905年出版了后来在英语国家有广泛影响力的 The Preservation of Antiquities,这些早期总结的保护方法成为现代保护科学的基础，Friedrich Rathgen 也因而被誉为"现代考古保护学之父"。1920 年，大英博物馆建立科学保护实验室，一战时大英博物馆的藏品存放在地下室里，由于保存环境恶劣，大量器物遭受损伤，因此建立实验室，委任 Dr. Alexander Scott 对存在问题进行调查并且推荐合适的修复方法，1924 年 Harold Plenderleith 加入了实验室，他们系统运用科学手段来开展与完善文物保护的操作。时至今日，大英博物馆实验室已成为现存历史最久的文物保护实验室。

1950 年，IIC（International Institute for the Conservation of Museum Objects，后两个词稍晚改为 Historic and Artistic Works）正式建立。1952 年起，发行专业刊物 Studies in Conservation 至今。专业协会与刊物的确立标志着文物保护人员区分与传统修复者与科学家的角色。专著方面，比较重要的当属 H. J. Plenderleith 的 The Preservation of Antiquities，1956 年修改后再版为 The Conservation of Antiquities and Works of Art，该书被翻译成多国语言，对器物保护尤其是考古出土物的保护研究有着重大影响。IIC 和 ICOM-CC（Conservation Committee of International Council of Museums）定期举办国际会议，发表相当数量的文物保护文献。自 1970 年代，越来越多的相关专著出版，加上 AIC（American Institute for Conservation of Historic and Artistic Works）、UKIC（United Kingdom Institute for Conservation）和 ICOM-CC 等协会的小型研讨会刊发的会议论文集，极大丰富了文物保护与修复专业的文献。

1959 年在 UNESCO（United Nations Educational, Scientific and Cultural Organization）的赞助下，罗马的 ICCROM（International Center for the Study of Preservation and the Restoration of Cultural Property）成立，目标是给国际文物保护问题作建议，协助文物保护活动，建立标准的培训课程；1965 年，建立 ICOMOS（International Council of Monument and Sites）来对应考古、建筑和城市设计的问题，规划建筑物，以及与遗址遗迹管理相关的立法。60 年代以后，ICCROM、ICOM、ICOMOS 等协会举办的国际性讨论会推动了各个技术领域的专题研究，并且强调了科学保护文化遗产的国际间合作。

最早关于文物保护的道德准则当属 1963 年 AIC 制定的 Standards of Practice and Professional Relationships for Conservators,也称作 Murray-Pease Report,后成为美国、加拿大的职业道德准则和规范的基础,被整个文物保护领域所接受。1978 年,ICOM-CC 发布 Definition of a Conservator-Restorer 一文,1984 年被 ICOM 采纳通过。此后,英国的 UKIC、美国的 AIC、澳大利亚的 AICCM(Australian Institute for Conservation of Cultural Material)等组织也制定了类似的文件,并经常随保护理念的发展与更新进行及时修订。

总之,现代意义的文物保护与修复专业始于 20 世纪初。20 世纪的前 50 年,该领域的进步在于廓清专业范围、明确专业地位、各国家或国际组织相继设立并开展活动;20 世纪后 50 年,较突出的贡献在于大力发展专业培训课程、编订相关的行业道德规范和操作指南等。表 2 为重要的文物保护与修复专业网站。

表2　各国文物保护与修复专业网站一览

名　称	网　址
Canadian Association for Conservation (CAC)	http://www.cac-accr.ca/
Canadian Association of Professional Conservators (CAPC)	http://capc-acrp.ca/
Canadian Conservation Institute (CCI)	http://www.cci-icc.gc.ca/
American Institute for Conservation of Historic & Artistic Works (AIC)	http://www.conservation-us.org/
European Confederation of Conservator-Restorers' Organization (ECCO)	http://www.ecco-eu.org/
Australian Institute for Conservation of Cultural Material (AICCM)	http://www.aiccm.org.au/
International Institute for Conservation of Historic and Artistic Works (IIC)	http://www.iiconservation.org/
Getty Conservation Institute	http://www.getty.edu/conservation/

续表

名　称	网　址
International Centre for the Study of the Preservation and Restoration of Cultural Property (ICCROM)	http://www.iccrom.org/
AATA Online: Art and Archaeology Technical Abstracts	http://aata.getty.edu/NPS/
BCIN: the Bibliographic Database of the Conservation Information Network	http://www.bcin.ca/
中国文物保护学术交流网	http://www.chinacov.com/
Conservation OnLine: Resources for Conservation Professionals	http://cool.conservation-us.org/
Institute of Conservation (ICON)	http://www.icon.org.uk/

三、文物保护与修复的道德准则

文物保护与修复通常是干预性的操作，可能会损害文物材质及其所承载的信息。为尊重文物的真实性并确保其持久保存，文物保护与修复工作必须要遵循一些基本的道德准则：

1. 检查与诊断

对文物的检查和诊断是制订保护修复计划的基础。其中包括两个方面：一是分析文物的物质现状，例如：文物的结构材料、败坏的类型和程度、败坏发生的原因和机理、败坏可能的发展及危害。这往往需要依赖现代仪器分析等科学手段。二是评估文物的文化价值。在全面了解文物所承载信息的基础上，认识文物的各方面价值（研究价值、教育价值、美学价值、纪念价值、历史价值等），以及败坏对这些价值造成的损害，进而确定开展保护修复行为的目的与手段。这需要考古学、历史学等相关知识的辅助。

2. 稳定性

文物保护与修复的操作不能忽视稳定性的概念。稳定性涉及两个方面：一是所用保护修复材料的稳定性，引入到文物内的材料要尽可能长久保持其特性，可惜目前许多材料缺乏这方面的信息；二是提供适宜的保存环境,确保文物材质和保护修复材料的稳定性。具体包括开展文物保护修复时的环境,以及将来保存或展览文物时的环境。必须指出的是,与稳定性相比,保护修复材料的可逆性和相容性更为优先。

3. 相容性

直接与文物接触的保护修复材料,例如粘结剂、加固剂、保护涂层、填补材料等,必须与器物的原材质相容,并不会互相排斥或者破坏。相容性涉及了材料在机械、化学、物理、光学(美观度)等各方面的特性,修复所选用的材料必须与器物原材料的诸多性质相符合,并且能实现步调一致的老化。

强调相容性是为了确保添加的材料不会危害原器物的保存与理解,但这不意味要选择与原器物一样的材料和技术。即便是同类材料,由于老化程度的不同,其材料特性必然有所差异。更重要的事,这种做法违背了文物保护修复中的可读性原则,令人们无法识别哪里是修复部分哪里是原器部分。

4. 可逆性

指文物保护修复操作的可逆性,其中包括了材料的可逆性。即对文物实施的所有干预性操作均能被安全解除,不会对文物造成任何影响和变动。加载到文物上的修复材料也能用无害的方式去除,将文物恢复到保护修复前的状态。

可是在实践中,许多操作是不可逆的,例如:清洗。而有些操作只能实现一定程度的可逆,例如,陶器的加固剂,虽然能用适当溶剂清除,但要将陶器内部的加固剂全部溶解出来几乎是不可能的;再者,纸质图画的装裱也是可逆的,但其间所采用的操作和材料会改变图画材质的微观形貌、可溶性等特性。

可见,应用可逆性的材料并不能保证实施的干预行为具有很好的可逆性。这种情况下,至少要选择持久、稳定的保护修复操作和材料,而且不会妨碍今后其他干预操作的实施。当要实施不可逆的操作时,必须要经过深思熟虑,判断其是否对于文物的保存和理解是必须的,并且能预估该操作对于今后开展的保护修复可能带来的影响。

5. 可读性

可读性包括两个方面：一是文物的可读性，通过保护修复技术，恢复文物昔日的原貌，便于人们的理解与观赏；二是文物保护修复操作的可读性，即人们在观看时，不会混淆重建部分与文物的原来部分。总之，保护修复操作不能遮盖文物的现实情况，也不能抹去文物物质历史的痕迹，要避免那些会改变器物遗留且以后用附属记录而不是通过检查器物本身来识别的文物修复操作。

可读性这个概念常涉及如何"重建"文物缺失部分的问题。针对不同类型的文物，人们会采取不同的技术，例如：针对考古出土陶瓷器，会保留缺失部分以及不完整的器物轮廓；而对于精美瓷器，会采取天衣无缝的补缺和润饰方法。这些做法都是可以的，但是必须要能够提出充足的理由，并有器物修复前的状态的详尽记录，而且用目测或简单无害的辅助手段可以识别出器物上的重建部分。

6. 文档记录

文档记录涉及以下几大方面：登记检查、诊断分析、保护/修复计划的制订、保护/修复计划的实施、储存与养护。采用文字、绘图、照片等形式描述或记录。所有记录综合形成一份文物保护修复报告，其中还会附带工作期间收集的相关资料，例如：科学检测分析的报告、文物年代、材质、工艺等背景知识的资料。

文档记录非常重要，它帮助确定文物保护修复的必要性，明确工作的目的，选择恰当的方法和材料，并且最终可以对保护修复实施的效果进行有效评估。作为文物档案的一部分，保护修复记录等资料与文物是不可分的。

7. 最小干预

最小干预的概念强调文物保护修复操作的慎重性。首先，要明确干预操作的必要性，为其提出充足的理由，确定保护修复的目标。任何轻率不必要的干预操作都是不尊重文物真实性的表现；其次，要慎重选择所用的材料与方法，评估它们对器物材质可能造成的即时和长期的影响，从而保障干预操作会尽量少地影响文物材质及其承载的信息。

8. 预防性保护

预防性保护包含所有通过提供理想的存放、陈列、使用、取放和运输条件来延缓或者避免文化遗产败坏的行为。预防性保护必须优先于干预性的保护修复行为，也就是先让环境适应文物，而不是文物适应环境。适合的环境条件可以减少对器物直接干预的程度并且延长大多数文物保护修复的成效。

当必须开展干预操作的时候，预防性保护的概念则是强调人们在制订计划和实施干预操作的时候，考虑到文物日后的保存或展览的环境，以及修复过程中器物所处环境的变化。

第二节 古陶瓷修复

一、什么是古陶瓷修复

古陶瓷修复包含陶瓷器文物的检查、清洗、拼接、加固、配补、上色等一系列保护与复原的操作。修复者需要掌握文物的背景信息与文化价值，对文物的材质、受损情况有全面的评估，并且了解各种保护修复材料与工艺的性能、特点，才能针对器物的"病症"对症下药，在确保文物安全的前提下，最大限度地忠实复原本已残缺不堪的陶瓷器文物。

二、古陶瓷修复的类型

（1）考古修复：又称研究修复，指对于拼缝、补缺部分，保留修复的痕迹，使观众能轻易分辨出哪些是原器物，哪些是修复部分。这种修复方法完全忠实于原物。

（2）美术修复：或称商品修复，指对于器物的修复部分进行上色，以达到淡化修复痕迹，甚至达到"天衣无缝"的效果。在学术界，对于美术修复的合法性颇有争议。

(3) 陈列修复：这种修复的效果介于考古修复和美术修复之间。通常理解为在一定距离外看不出修复痕迹，而在近处可以分辨；或者在朝向观众的一面看不出修复痕迹，而在背面或内部保留修复痕迹。这种修复原则为国内外许多文博单位所采用。

三、古陶瓷的保护与修复

古陶瓷修复是以研究与欣赏为目的，利用合适的材料和技术恢复器物的完整造型和外观的视觉效果。但正如前文所讨论的那样，文物修复与文物保护是紧密相连的，是不可能脱离古陶瓷的保护问题而独立开展的。一方面，古陶瓷的修复工作必须建立在器物的稳定状态之上，例如：海底打捞的陶瓷器必须经过除盐处理，消除内部的可溶盐后，才能考虑进一步的修复工作；另一方面，古陶瓷修复操作有时也具备保护文物的功能，例如：表面清洗可以消除有害物质腐蚀与污染，填补缝隙能够增加稳定性，避免水汽灰尘堆积，避免危害陶瓷器胎釉结构。最后，制订与实施陶瓷器修复计划时，都要将文物保护问题纳入考量的范畴，如何兼顾文物保护与修复的需要是修复专业人员必须认真思考的问题。

第三节　我国古陶瓷修复的发展与研究现状

一、我国古陶瓷修复行业的过去与现在

在中国，古陶瓷修复是一项历史悠久的传统手艺，但其产生的年代已经难以考证，不过可以肯定的是，此行业的发展与古陶瓷器的收藏与商业买卖有着密切的联系。自陶瓷器的商业制造与流通开始，人们就产生了对陶瓷修复技术的需求。《景德镇陶录》中记载了景德镇的陶工粘合碗盏的方法："粘碗盏法，用未蒸熟面筋入筛，净细石灰少许，杵数百下，忽化开入水，以之粘定缚牢，阴干。自不脱，胜于钉

钳。但不可水内久浸。又凡瓷器破损,或用糯米粥和鸡子清,研极胶粘,入粉少许,再研,以粘瓷损处,亦固"(《景德镇陶录》卷八),"诸名窑古瓷,如炉欠耳足,瓶损口棱,有以旧补旧,加以釉药,一火烧成,与旧制无二,但补处色浑"(《景德镇陶录》卷九)。

明清以来,古瓷器修复就十分活跃,到民国时期崇古好古之风盛行,助长了古玩修复业的发展。20世纪三四十年代,古董商为牟利而聘人采用化学材料进行修复。新中国成立后,古陶瓷修复技艺由过去为古董商牟利,转向为博物馆等文化事业服务。古陶瓷被当作重要的历史文物而加以慎重地修复,这项传统的修复技术逐步纳入文物保护科学的范畴中去。

中国的陶瓷器修复历史虽然很悠久,但直至引入现代粘结剂等化工材料之后,修复效果才有显著提高,能更好满足博物馆或收藏界的需要。这类使用现代化学材料而不必高温重烧的修复方法,俗称为"冷修"。相对的还有"热修",即用釉料等材料将器物拼接之后入窑重烧。这种修复方法不但损害、歪曲了文物所承载的历史信息,而且可能对文物造成破坏,不被文物修复专家采用。此外,民间还保留一种传统修复工艺,做法是在瓷器碎片上钻孔后,使用金属锔钉,将瓷器碎片重新铆钉在一起(如图3)。这种修复因为技术的限制,只能恢复器物的使用功能,不但无法恢复器物原貌,而且对胎釉造成更多损害。可见,古陶瓷器修复技术更多地依赖现代科学技术给予的知识和工艺上的指导,真正采用安全手段实现高水平的修复效果应归功于新一代材料的"神奇"效果。时至今日,古陶瓷修复从材料到方法都极大地区别于传统修复业的做法。

除了技术上的进步,新旧古陶瓷修复的区别还在于修复观念上的巨大变革。修复者应该怎么看待需要修复的陶瓷器?古陶瓷修复的目的又是什么?对这些问题的思考伴随着人类不断进步的文化遗产保护理念和原则规范,改变着古陶瓷修复的工作性质。

过去,古陶瓷修复很大程度上服务于古董买卖和收藏,甚至在技术上一度与"作伪"别无二致。古人往往将古陶瓷视作鉴赏评品的玩物或者是流通市场中的商品。商家也不惜弄虚作假,肆意改动器物,比如将不同的真品残件拼为一个新物,或为了达到天衣无缝的修复

图3　锔碗（图源见本章参考文献14）

效果，冒险二次入窑进行烧造。新中国建立后，古陶瓷器修复逐步转向为文博事业服务，古陶瓷器被视为不可再生的遗产和人类历史的见证物而被慎重地修复。二战以后，国际上掀起了文化遗产保护的热潮，从而带动了文化遗产保护观念的变化，这在《威尼斯宪章》等诸多文物保护的国际法规和宪章里都有所体现。这些基本原则和规范被世界各国普遍接受，也吸收入我国的文物保护事业的实践中去。我国《文物保护法》在立法之初就制定了相关性的条款：

1982年颁布《中华人民共和国文物保护法》中第二章第十四条："核定为文物保护单位的革命遗址、纪念建筑物、古墓葬、古建筑、古窟寺、石刻等（包括建筑物的附属物），在进行修缮、保养、迁移的时候，必须遵守不改变文物原状的原则。"

1986年颁布《博物馆藏品管理办法》中第五章第二十五条规定："藏品修复时，不得随意改变其形状、色彩、纹饰、铭文等。修复前、后要做好照相、测绘记录，修复前应由有关专家和技术人员制定修复方案，修复中要做好配方、用料、工艺流程等记录。修复工作完成后，这些资料均应归入藏品档案，并在编目卡上注明。"

这些保护原则与法律条款保证了历史文物不会被后人肆意改变物质组成或者外形结构，从而避免修复操作可能造成的对文物所蕴含的艺术、历史、科学等价值的破坏。由此可见，古陶瓷修复行业一路走来，从传统手工行业的角色转变为文物保护中的一个专门分支，为文博事业提供科学规范的技术服务,凭借的不仅是先进的修复技术,更是进步的保护修复理念。

二、我国古陶瓷修复研究存在的问题和努力方向

回顾我国古陶瓷修复行业的历史变迁,从修复材料和技术的升级到文物保护理念的更新无不说明这门专业的进步与发展。但是由于种种原因,古陶瓷修复更多地停留在工艺技术的层次上,真正从文物保护科学的高度,对修复材料和工艺开展的专业研究相对薄弱。从研究成果来看,我国目前总结古陶瓷修复技术方面的著述较为匮乏,古陶瓷修复工作者多年摸索出的工艺技术或经验没有得到及时整理和总结,重修复实践、轻理论研究的情况很普遍。从已发表的相关专著和论文来看,有关古陶瓷修复的文献不仅数量有限,且多为内容概括的介绍性文字。而涵盖修复工具、环境、材料、工艺等各方面的总结性专著寥寥无几。

造成这种状况的原因有二:一是因为修复专家要开展深入的研究,比如对修复材料的筛选,需要一些大型现代分析仪器和必要的测试费用,普通文博单位或个人很难具备这些客观条件;二是因为以往的修复专家的技术和经验都是依赖师徒口耳相传以及实践中摸索得来,材料优劣的评价也主要基于长期的实践,缺乏将修复实践向科学化、规范化道路推进的意识。而且古陶瓷修复在艺术品市场活跃的今天有很丰厚的商业回报,许多关键性的修复技术和知识被故意加以保密,这也是古陶瓷修复研究难以公开交流的原因。总之,背景知识的不足和观念上的局限性使过去的古陶瓷修复者很少能够著书立说、传播技术,而有限的设施配备也不允许修复专家或一般博物馆开展更深入的研究工作。

我国的古陶瓷修复原是一门传统"手艺",如今要引入现代科学技术和文物保护的观念,从过去纯粹的修补技艺转变为文物保护科学的组成部分,势必要重新界定该专业的研究目标和研究手段,使其向科学化、规范化的道路发展。具体来说,一方面可以加强修复材料的性能和使用方法的研究,尤其从其他专业领域引入的商业产品,更

加需要认定材料性质,明确其使用的方法。另一方面,系统总结古陶瓷修复已有的成果,尤其是将各环节的操作明确化、程序化,为博物馆修复操作或者专业人员的培训提供可以参考的技术标准。现代的文物修复是一项科学性的专门技术,应当科学评估所用修复材料和技术的优劣,精确规范各个操作环节,摆脱古陶瓷修复业过去依赖主观经验的面貌。

参考文献

1. Gerald W. R. Ward, The Grove Encyclopedia of Materials and Techniques in Art, New York: Oxford University Press, 2008.
2. M. C. Berducou, La conservation en archéologie, méthodes et pratiques de la conservation-restauration des vestiges archéologiques, Paris: Masson, 1990.
3. Denis Guillemard et Claude Laroque, Manuel de conservation préventive — gestion et contrôle des collections, Dijon: Direction Régionale des Affaires Culturelles de Bourgogne, 1999.
4. Chris Caple, Conservation Skills — Judgement, Method and Decision Making, New York: Routledge, 2000.
5. The European Confederation of Conservator-Restorers' Organisations, E. C. C. O. Professional Guidelines, http://www.ecco-eu.org/about-e.c.c.o./professional-guidelines.html, 2002.
6. Harold J. Plenderleith, A History of Conservation, Studies in Conservation, Vol. 43, No. 3. (1998), pp. 129-143.
7. (清)蓝浦、郑廷桂著,欧阳琛、周秋生校,卢家明、左行培注:《景德镇陶录校注》,江西人民出版社,1996年。
8. 贾文忠编著:《文物修复与复制》,中国农业科技出版社,1996年。
9. 贾文忠、贾树:《贾文忠谈古玩修复》,百花文艺出版社,2007年。
10. 毛晓沪:《古陶瓷修复》,文物出版社,1993年。
11. 《可移动文物修复资质管理办法》(试行)(2007年4月9日经国家文物局第5次局务会议审议通过,自2007年5月11日起施行),国家文物局编:《中华人民共和国文化遗产保护法律文件选编》,文物出版社,2007 年。
12. Régis Bertholon, Déontologie de la conservation-restauration(〈文物保护修复伦理学〉课程讲义), 2007-2008.
13. M. C. Berducou, Méthodologie de la conservation-restauration (〈文物保护修复方法论〉课程讲义), 2009-2010.
14. Raccommodeur de porcelaine, http://www.photo.rmn.fr/

第二章 古陶瓷修复的环境设施

"工欲善其事,必先利其器"。在古陶瓷修复中,为保证工作质量和速度,配备必要的修复设备和工具,创造良好的工作环境是最为基础的准备。

第一节 修复室的建设

一、修复室内布局

室内设备的摆放既要考虑到文物的安全又要便于修复操作。修复室内要配备稳固平坦的修复桌(如图1),桌子不可轻易发生移动、巅翘,桌子上铺设一层毡布或橡胶垫防止打滑,桌子周围最好有边栏以保证文物的安全。为了方便操作,修复桌上可装配有隔层,放置修复材料、工具。修复室还要配备水斗、操作台、储物柜、通风橱(如图2)、垃圾桶等设施。由于需要配制某些强酸清洗液,修复室应该设有耐腐蚀的操作台,室内的地面要防滑且方便清洗。

图1 修复桌　　　　　　　　　图2 通风橱

修复室应尽可能做到干湿分开,功能分开。如清洗、拆分等使用液体试剂的工作可以在修复室内的其他区域完成,而修复桌及周边应该保持干燥、清洁、无污染。

二、修复室内环境要求

1. 光照

文物修复的各项步骤都需要明亮的光线才能顺利进行,所以修复室最好设在有充足日光的房间,光线不足时也可用接近日光的人工光源辅助照明。给器物上色的时候,为避免修复部分产生颜色偏差,光照要求非常严格。一般来说,修复时的光照应该同器物在展览时的光照一致,如果博物馆使用自然光展览器物,那么陶瓷器的上色等工作就应尽量安排在光线好的白天,避免在黄昏的阳光下操作,也不要在荧光灯或者白炽灯等人工光源下进行。

2. 温湿度

修复室内的温度保持在15℃—25℃,相对湿度在50%—70%。温湿度过高过低都会影响到粘结剂、涂料等修复材料的使用效果,有时甚至严重影响修复质量。所以建议修复室内能安装空调设备。

3. 防尘

修复室内要保持整洁,防止灰尘杂质飘散,玷污修复器物。因喷涂和清洗要使用挥发性有毒材料、试剂,修复室应配备通风橱,修复人员也要配备口罩、手套等防护装备。

4. 化学药品管理

修复所用的化学药品应放在避光的试剂柜中或其他避光处,易燃的材料如乙醇、丙酮等按需购买,切勿大量集中储存。使用后的化学材料尽可能回收、重复利用,其余按照要求妥当处理,不可随意丢弃、污染环境。化学药品或者试剂要转移到合适的化学玻璃器皿后使用,并在容器外面贴好药品名称等信息的标签。图3为化学试剂容器上常见的危险警示标签。

3-1 有毒

3-2 有害物质

3-3 易燃

图 3 化学试剂容器上的危险警示标签

第二节 古陶瓷修复的工具与设备

一、工具

修复的每项操作都会用到不同的工具,除了日常使用的工具外,医疗、雕刻、绘画、模型制作甚至化妆美容等方面的专用工具也可以借用过来,必要时还可自己动手制作。根据用途,表1中大致将古陶瓷修复所用工具分为以下几类:

表 1 古陶瓷修复工具

类型	名称
检查工具	放大镜、紫外荧光灯、显微镜
清洗工具	毛笔、牙刷、尼龙刷、竹签、棉签、纸、抹布
拆分工具	手术刀、锥子、螺丝刀、锤子、电钻
测绘工具	直尺、三角尺、曲线尺、卷尺、圆规
塑形工具	各种形状的不锈钢调刀,自制牛角调刀(刀头薄而宽、弹性好,调制粘合剂之用)
固定工具	透明胶带、医用胶带、热熔胶(用热熔枪使用)、橡皮筋、绳子、各种夹子、铁架台、沙盘等
打磨工具	手术刀、剃须刀片、锉刀、美工刀、剪刀、锯条、微型电磨;各型号砂皮纸、砂条、研磨膏
上色工具	各规格中国毛笔、油画笔、水彩画笔等美术用笔,调色白瓷板
防护工具	橡胶手套、防紫外线眼镜、防护口罩、工作服
其 他	搅棒、橡皮碗、搪瓷盘、电吹风、各类实验用玻璃器皿

二、设备

1. 大型干燥箱:用于拆分器物或者烘干仿釉层等。
2. 台虎钳:用于加工制作工具。
3. 超声波清洗器:清洗陶瓷器碎片。
4. 蒸汽清洗器:清洗陶瓷器碎片。
5. 喷笔及空气压缩泵:用于喷涂上色。
6. 体式显微镜:检查古陶瓷器之用。
7. 冰箱或冰柜:存放粘结剂等化学试剂。
8. 照相机和摄像机:记录文物修复过程。

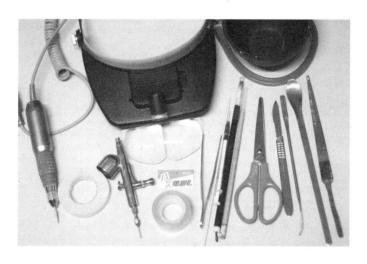

图4　古陶瓷修复部分工具及设备

参考文献

1. Susan Buys, Victoria Oakley, The Conservation and Restoration of Ceramics, Oxford: Butterworth-Heinemann, 1999.
2. Nigel Williams, Porcelain Repair and Restoration, Philadelphia: University of Pennsylvania Press, 2002.
3. Judith Miller, Restaurez vos meubles et objets anciens, Sélection du Reader's Digest, 2006.
4. Lesley Acton, Paul McAuley, Repairing Pottery and Porcelain: A Practical Guide (Second Edition), USA: the Lyons Press, 2003.
5. Gerald W. R. Ward, The Grove Encyclopedia of Materials and Techniques in Art, New York: Oxford University Press, 2008.

第三章 检查与记录

第一节 检 查

一、检查的定义

"检查"在各国文物保护和修复协会或机构的相关文件中都有明确的定义,例如:"所有确定文化遗产的结构、材料、有关历史和环境而采取的行为,包括确定败坏程度、变更和丢失部分。检查也包括对材料的分析和研究,以及对于有关历史和当代信息的研究。"(加拿大文化遗产保护协会与加拿大专业修复人员协会制订的〈道德公约与行动指导〉)

概括起来,文物的检查工作涉及的内容有两方面:一是从资料文献入手,了解文化遗产本身及其所处的文化历史背景;另一方面就是对器物的基本物理现状进行评估,确定器物的稳定性、真实性并且检查出器物外在或隐藏的缺陷。修复人员也可以根据器物的价值和重要性,估算修复工作所需的材料和人力上的花费。

二、检查工具

1. 光学显微镜

5倍到100倍的双目体式显微镜适合检查陶瓷器的胎釉结构以及修复情况的细节。三目显微镜可以连接数码相机拍摄照片。CCD显微镜与电脑相连,能在电脑上观察并且截取图像(如图1)。

2. 光源

检查需要强烈的人工光源,用来观察器物内外的情况,甚至是器壁内的结构。还需要紫外灯辅助观察(主要波长为 200—400 nm),用来区分原器物和老旧的修复部分,如图 2 所示:修复部分发出白光,而完好部分表现出深紫色。

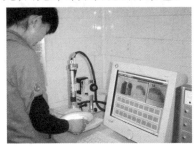

图 1　CCD 显微镜观察

图 2　紫外灯检查修复部分
（图源见本章参考文献 11）

三、检查的内容

在正式开始修复前,修复人员首先要对修复对象进行基本检查,例如:检查器物的真伪、确定损害的范围和原因、判断陶瓷器胎釉的状态。这些检查内容为修复工作提供了重要的信息,帮助修复人员确定器物是否有修复的必要,掌握器物的质地构造与保存状态,便于在制订修复方案时,选择针对性的修复材料和方法。古陶瓷修复前的检查至少要包括以下几个方面:

1. 鉴别古陶瓷器的类型

陶瓷制品虽然都用粘土烧制而成,但是有着不同的物理特征,中国学界根据制作原料和烧结温度的不同,将陶瓷制品分为陶器和瓷器两大类:

陶器:用普通粘土在约 800℃—1100℃下烧制而成,胎体密度小,孔隙率高,有的陶器表面有釉,比如东汉铅釉陶、唐三彩等。

瓷器:用高岭土在约 1200℃以上的高温下烧制而成,胎体紧密,孔隙率低,大多数瓷器表面有釉,少量的没有施釉。

在国外,通常将陶瓷器分为三大类:陶器、炻器、瓷器。孔隙率是一个简单的指标,大于5%为陶器,小于5%的是炻器、瓷器。进一步区分就要根据粘土类型和烧制温度(如表1)。

表1 国外陶瓷器的分类

类型	烧制温度(℃)	孔隙率(%)
低温陶器(Low-fire Earthenware)	500—900	>15
陶器(Earthenware)	900—1150	6—8
炻器(Stoneware)	1150—1300	<3
瓷器(Porcelain)	1300—1450	<1

需要指出的是,粘土至少要经过450℃烧焙下才能制成不可逆的陶质材料。阳光晒干的泥质器物,例如:泥砖、雕像、楔形文字泥板等,会被认为是陶器制品,但由于没有经过高温烧制,这些器物放在水中一段时间会重新分解。

(1) 陶器(Earthenware)

陶器是以粘土为原料制胎,经约500℃—1150℃焙烧而成(其中500℃—900℃为低温陶)。由于烧制温度较低,因此粘土发生烧结但是没有达到玻璃化。陶器质地较软,容易划伤。与瓷器相比,陶器质地疏松、不透明、孔隙率高、强度低、胎釉分明。

由于粘土成分与烧制条件不同,陶胎会呈现黄、红、褐、灰、黑等不同颜色。有的陶坯烧制前会进行表面抛光,形成光亮层并增加不渗透性,有的则涂上薄薄一层泥釉,起保护与装饰陶胎的作用。有釉陶器采用的是石灰釉、铅釉等低温釉,胎釉结合不甚紧密,从断面观察是泾渭分明的两层(如图3)。

从世界范围来看,属于陶器的品种包括:raku, slipware, majolica, faience, creamware, terracotta。中国各时代出产的白陶、黑陶、彩陶、夹砂陶、泥质陶、绿釉陶等也属陶器的范围。

(2) 炻器(Stoneware)

炻器是介于陶器和瓷器之间的陶瓷制品,以二次粘土为主要原料,烧制温度比陶器高,在1150℃—1300℃之间。特点是胎体细密,

图 3　锡釉陶的断面（图源见本章参考文献 4）

机械强度较高,孔隙率低,胎釉结合紧密,敲击声音清脆。但炻器器胎的玻璃化程度不如瓷器,通常只有局部玻璃化,胎质的透明度、致密程度、硬度都低于瓷器。

由于原料含有杂质,炻器胎质颜色较深,呈灰白到红棕色。由于器胎不同的纯度与成分,炻器可以是不透明或半透明,质地可以从细密到粗糙。炻器分无釉或有釉,有釉炻器采用盐釉等高温釉,胎釉能够在相同温度下烧成,胎釉结合紧密,切面能显见到一层胎釉层。驰名中外的中国宜兴紫砂陶就是一种不施釉的有色细炻器。

（3）瓷器（Porcelain）

国外将瓷器分为三类：硬瓷（hard paste porcelain）、软瓷（soft paste porcelain）和骨瓷（bone china）。

硬瓷：以高岭土和瓷石为主要原料,瓷胎细致洁白,胎质坚硬,透明度高,胎釉结合紧密（如图 4）。最早起源于公元 5 世纪的中国,直到 1700 年之后才在欧洲制造。硬瓷包括：中国和日本瓷器,以及来自于迈森、维也纳、塞弗尔、朴利茅斯、布里斯托尔的瓷器。硬瓷的烧造温度可达约 1400℃。

软瓷：为仿造硬瓷而在欧洲发展出来的陶瓷制品,有多种制作配方。软瓷几乎不使用高岭土,烧造温度低于硬陶,约为 1200℃,需要施釉后经二次烧造。软瓷胎质比硬瓷疏松,釉层不透明,不如硬瓷洁白透亮（如图 5）。

图4　硬瓷(图源见本章参考文献12)　　图5　软瓷(图源见本章参考文献12)

骨瓷: 18世纪四十年代在英国发明,19世纪发展起来。虽然骨瓷的成分接近软瓷,但由于对胎泥进行改良而提高了产品的透明度,在视觉上非常接近硬瓷(如图6)。骨瓷在高岭土和瓷石当中添加骨粉(磷酸钙),并且在约1300℃下先进行素烧,施釉后再经约1100℃烧制而成。

图6　骨瓷(图源见本章参考文献12)

陶瓷器的种类鉴别非常重要。陶器一般硬度稍差、孔隙率高,使用修复材料时要谨慎,比如在清洗时,避免试剂吸入胎体内部留下残余;选择与器物表面硬度相当的填补材料,使用合适的刀具和砂纸,避免划伤釉面或胎。此外,瓷器需明确胎、装饰层、釉层的叠加关系,判断其为釉上彩、釉下彩或斗彩,从而针对性制订修复方案。

2. 古陶瓷器的制造缺陷与败坏变质

(1)制造缺陷: 指在陶瓷制造或烧制过程中形成的器物材料、形状、色泽等方面的缺陷,这些缺陷或不足在器物正式使用前就已经存

在。制造缺陷可能与选料、制坯、施釉、烧造等方面的不足或失误有关。表2、表3中是常见的几种制造缺陷:

表2 釉面常见的制造缺陷

缺陷名称	缺陷描述
针孔	指胎釉表面形成的孔状或泡状缺陷。陶瓷器烧成过程中,胎釉溢出气体,在处于熔融状态的釉层上产生小孔,釉层来不及填平小孔就凝固,就会在器表形成宛如微型火山口的缺陷。有时小孔非常细小,就被称作针孔、针眼、猪毛孔,如釉面富含密密麻麻的小孔也称作棕眼、橘皮。
釉泡	指在制作或烧造过程中,封闭在胎或釉中的气体所形成的大小不一的气泡。釉层中的气泡多且微小时,会影响釉层的透明度。这些泡常常会破裂,在釉面上形成小凹坑,甚至稍大空洞,使器物表面变得凹凸不平。
熔洞	坯体内的易熔物在烧成过程中熔融后产生的空洞或凹坑。一种是封闭空泡,上釉后水汽膨胀产生的突起。一种是开口熔洞,是气体冲破坯釉所形成开口气孔。
釉裂	指陶瓷器釉面开裂形成的纹状缺陷,这种裂纹大致与釉面垂直,由于烧制冷却时釉面收缩率大于陶瓷胎体的收缩率所造成的。中国宋代哥窑就属于这类,也称作"开片"、"断纹"。釉面有发丝粗的裂纹,叫做"惊釉"。
剥釉	指釉面出现不规则网状裂纹,裂纹与釉面成锐角,且裂成许多片,釉片沿裂缝线隆起,甚至与器胎完全分离脱落。剥釉是由于器物烧制冷却时,釉面收缩率小于陶瓷坯体收缩率而造成的。
缺釉	亦称漏釉或短釉。指陶瓷器表面局部无釉的一种缺陷。主要原因是釉浆的附着性差,釉层过厚,干后脱落;或釉的高温粘度太大,与坯料配方不适应而引起釉层卷缩;或施釉时坯面有油污和灰尘;或浸釉时,釉浆未浸满全器;或坯体施釉后不慎将局部的釉碰落;或釉浆用水有油污;或坯体入窑水分过高,烧成时窑内水汽太多,使坯釉中间分层,造成釉层剥落等。
缩釉	指陶瓷器的釉面向两边滚缩,中间露出胎骨的现象,也称滚釉。缩釉的釉圈边缘界有突起的圆边,是由于釉面受表面张力作用,或施釉操作不当,或坯体潮湿,窑中水汽太多等原因造成的瓷釉缺陷。
釉薄	产品表面由于釉层过薄,形成了局部釉面不光亮,有时泛黄的现象。釉料过稀,或因釉层厚度未达到要求标准,导致釉面无光,略透坯胎,产品发黄。

续表

缺陷名称	缺陷描述
釉缕	釉熔化后流聚成的缕状物,如凸起的釉条或釉滴。原因包括:坯体造型与修整不良,施釉时多余的釉浆得不到均匀流淌;釉料调配不良,高温粘度过低,釉发生过熔;或烧成温度低,釉的熔融状态不佳;釉浆密度与施釉操作不当,施釉不均匀,局部釉层过厚。
釉面波纹	釉面呈鳞片状的波纹。其主要原因:釉浆密度大,施釉后釉层不均匀,呈波浪状;待施釉的坯体表面过热;窑内温差大,釉料熔融温度范围较窄,烧成时欠火或过火。欠火时会产生大块鳞片状波纹,釉面光泽不良。过火时产生细小鳞片状波纹,伴有大量小针孔,但釉面光泽较好。
斑点	指散布在陶瓷表面的大小黑色、棕褐、淡黄的斑点,是因为坯料中所含铁质杂物在窑内的还原气氛下发色而成,故也叫做黑点、铁点。
落脏	指在拉坯成型、入窑烧造过程中,没有清理干净或者意外沾染在陶瓷器表面的泥屑、釉渣、窑灰、匣屑等杂质异物所造成的缺陷,也叫做落渣、渣痣。
彩色不正	陶瓷器彩饰的一种缺陷,指颜色浓淡不匀或不光亮的现象。其原因是彩绘操作不严格,颜料或花纸的质量不良,烤花操作不当,使色料中的碳化物未挥发掉,欠火或过烧等。
色脏	陶瓷器彩饰的一种缺陷,指釉面或釉层下粘有不应有的杂色,或颜料喷刷到不应有颜色的部位,其原因是彩绘时操作不严格。
画面缺陷	陶瓷器彩饰的一种缺陷,指画面由于擦损、操作粗糙、贴花纸的爆花或皱花所造成的残缺现象。
阴黄	制品表面发黄或斑状发黄,有的断面也有发黄现象。原因是升温太快,釉熔融过早,还原气氛不足,使瓷胎中的 Fe_2O_3 未能还原成 FeO;装钵柱太低,窑顶局部产品温度偏高而还原不足也会形成阴黄缺陷;产品原料中 TiO_2 含量太高,也会导致产品发黄。
烟熏	指产品表面呈灰色或不纯正的白色,主要由于坯体氧化不完全或还原过早使坯内炭素、有机物或低温碳未能烧尽在釉层封闭之前。有时烟气倒流也会熏蚀釉面。若釉料中钙含量偏高也易形成烟熏缺陷。
无光	指釉面产生一片片无光泽的釉膜,严重时表现出粗糙表面,亦称消艳。原因是釉面形成微细体和釉层熔融不良,因此形成釉面无光缺陷。

表3　器坯常见制造缺陷

缺陷名称	缺陷描述
变形	指在烧制过程中,陶瓷器坯发生扭曲或改变,如口径歪扭不圆,器底部凹下或凸起,腹部下沉,塌边,嘴、把、足不正等不合规定的现象。这与陶瓷器的原料制作、器物成型或干燥手法、装窑与烧制方式等方面的不足与失误均有关联。
窑粘	指陶瓷器在窑内与其他陶瓷器或匣钵互相粘结而形成的次品或废品。窑粘的形成有多种原因,主要是配料不当及装坯装窑不慎、匣钵堆垛倾斜引起。
坯爆	指坯体出现开裂成为废品,俗称"过江"。原因是配料不当,入窑前水分过高,焙烧初期升温过快而出现开裂。有时开窑时间过早,冷却过急,坯体和外界温差太大,内外收缩不一,坯体受损而开裂,此缺陷以大件厚胎为多。有时坯体内含有石英等杂质硬粒,在坯胎内爆裂而引起坯爆。陶瓷器坯釉同时开裂叫做"窑裂",坯裂釉不裂叫做"阴裂"。
过烧	过烧时产品发生变形,釉面起泡或流釉。主要原因在烧成温度偏高,高温保温时间控制不当,装车密度不合理等。
犯泡/起泡	陶瓷胎体有隆起的泡状现象。原料中含有过多的碳酸盐、硫酸盐等无机杂质,在焙烧过程中分解产生气体。烧成速度过快,气体未能排出而釉料已经熔融,均能使胎体犯泡,影响了瓷胎的平整。釉下坯体凸起的空心叫做"坯泡"。此外,由于炼泥不当,坯泥中存在硬泥块,烧成后会出现"死泡泥";陶泥过稠,坯泥中空气未能排尽;两缸泥浆合并时,由于倾倒过急出现"混缸泡",以及受周围重烟的影响而形成"烟子泡"等。
夹层	夹层指坯体中间分层。又称为分层、层裂。主要因压制成型时,坯体中残存有空气,卸压后被压缩的残余气体膨胀造成。
生烧	烧成火候不够而产生的一种缺陷,即欠烧。特点是坯体局部或全部发黄或灰黑色,断面粗糙,气孔率大,吸水率偏高,釉面无光,或光滑程度较差,敲击时声音不脆。产生原因是坯釉料配方不当,烧成温度偏低,装窑密度不合理等。

(2)败坏变质: 指陶瓷器在使用或废弃期间,在自然或者人为因素作用下,器物胎釉的形状、质地、光泽、颜色等方面发生的劣化(见表4)。

表4　胎釉常见的败坏变质

冲口	器物受外力撞击出现的裂纹,长短不等,多出现在碗、盘类瓷器上。也有外冲里不冲的现象,也叫"惊纹",是不穿透器壁的裂纹,即器外可见裂痕,但器里面却不见裂痕。
炸纹	器物的颈、肩或腹部受撞击后,出现放射鸡爪纹。
炸底	器物的底部因磕碰等原因造成裂纹。
缺损	器物胎釉由于机械冲撞或化学腐蚀造成的各种残缺,例如凹坑、豁口、局部断裂脱落等。
破碎	器物在外力撞击作用下碎裂,彼此分离,形成大小不一的若干碎片。
失亮	器物因长期使用磨损或埋藏环境腐蚀造成釉面失去光泽的现象,又称失釉。
伤彩	器物受长期腐蚀或摩擦而造成的釉彩的失去光泽或伤损,甚至发生釉色的剥落,也称"脱彩"。五彩、粉彩、金彩等低温釉上彩容易发生这种情况。
盐蚀	堆积器表或渗入胎釉内部的可溶性盐所导致的胎釉损伤,如裂缝、剥釉、胎的腐蚀等。
盐类结壳	器物在长期埋藏环境下形成的较坚硬的不溶盐堆积,例如在海水环境下覆盖器物表面的珊瑚层(主要成分是碳酸钙),令其原本形貌难以识别。
污渍	器物表面吸附污垢形成污点、污斑等。这些污垢包括铁锈、土锈、油腻、霉菌、火烧残留物等。污垢通过陶器的多孔表面或釉面上的裂纹渗入胎体,污染器表面,对胎釉有一定腐蚀作用。
粘伤	器物碎裂后用粘接的方法修补。
锔伤	瓷器有冲或裂纹后,以打锔子的方法修补。
脱釉	陶瓷器的釉层脱离胎体露出胎骨,原因很多,比如出土、水浸、受到撞击、烧结温度不够等导致釉面不同程度的脱落。
磨口	器物口部因磕碰缺损,后人用砂轮将伤口修复平整,或直接锯去部分器身。
磨底	将陶瓷器物底部的缺陷或底款磨去。
截口	陶瓷器物口部因磕碰缺损,后人直接锯去部分器身,使口沿平整。
后加彩	即添彩,后填彩。在旧瓷器上新加彩绘,再在低温炉中烘烧。

陶瓷器文物所具有的制造缺陷或败坏变质，看似有损器物的完整性与美感，但却承载了制造技术、使用历史、保存埋藏环境等多方面的丰富信息。尤其对于考古出土品而言，无论是天然烧造缺陷还是后天侵蚀磨损，都是考古学家观察与研究的重要内容。通常只采取"考古修复"的做法，即对碎片进行清洗、拼接、加固等操作，确保器物材质的稳定以及轮廓的大致完整，而不采取进一步的完整补缺和修饰。甚至在博物馆内，对于展览教育用途的陶瓷器，人们也意识到保留缺陷的重要性，而不是一味追求美观。英国维多利亚与艾尔伯特博物馆保护部就主张不修复小瑕疵："修复这些小的缺损是没有必要的，除非它们造成了器物的败坏、妨碍审美、令信息模糊不清。"因此，只要这些缺陷或败坏不危害器物的保存，就不可擅自改动或掩盖。

3. 陶瓷器常见保护问题

众所周知，一般的陶瓷是坚硬但易碎的材料，最常见的损害来自于外力撞击或压迫导致的碎裂现象。但陶瓷材料本身很稳定，其碎片仍可以保存上千年之久。但对于那些制造水平低，保存环境恶劣的陶瓷器，还是会遭受到盐类腐蚀、结壳堆积、污斑、发霉等文物保护的问题，这些都需要采取干预性手段加以控制，因此要与不危害器物的制造缺陷或变质加以区分。通常涉及陶瓷器的文物保护问题可以分为以下几方面：

(1) 胎质受损：没有经过焙烧的陶器在潮湿泥土中会逐渐分解，再次水化成为粘土。地下水中的酸性物质会溶解陶质的碳酸钙成分，埋藏环境中的碱性物质也会破坏陶器结构。温度的剧烈变化、外界的震动或敲击、埋藏环境中过度压力，会导致脆弱的陶瓷器的开裂甚至破碎，拉力释放后碎片会变形，有时很难重新准确地拼接起来。

(2) 表层剥落（釉层、彩绘、泥釉）：当器物的表层如釉层或彩绘层与其下胎体的收缩率不一致的时候，环境温度发生变化就会导致器表开裂。有的陶器表面覆盖的泥釉层承受着一定拉力，容易受到外界环境影响而发生碎裂剥落。在发掘的时候，当本来潮湿的陶瓷器碎片干燥后,其附着物会硬化收缩,这也会导致纹饰或釉层受损脱落。

多孔陶器会吸入溶于水中的可溶性盐,当温湿度发生改变,盐类再次结晶会对胎质产生压力,导致陶器釉层或彩绘层脱落。含水陶器如果遭到冰冻,孔隙内的水分结冰,体积膨胀,同样会对器表产生破坏。硬度或耐腐蚀力低的装饰层也较易脱落,瓷器上的低温釉上彩、镏金装饰等经日常清洗和摩擦就很容易丢失。

(3) 结壳堆积: 主要指陶瓷器表面堆积的不可溶盐,例如海中打捞出的覆盖珊瑚层的器物,其主要成分是碳酸钙。这些不溶盐堆积会完全将器物表面遮蔽起来,附着牢固,不易清除,对釉面会产生显著的破坏。

(4) 受污变色: 陶瓷器表面如果粗糙、多孔、有裂缝就容易聚集灰尘污垢。出土陶瓷器常见的污斑是铁锈斑,是由氧化铁产生的深色污斑。海洋打捞的陶瓷器也常会发现氧化铁堆积。修复材料如金属锔钉、粘结剂等会渗入陶瓷器表面,产生不美观的深色污渍。使用或埋藏过程中接触到的有机物质,例如:食物残留等,会玷污陶瓷器表面。海中打捞出的陶瓷器容易沾染有机污斑与硫化铁黑斑。高湿度环境下,器物有机残留物上生长霉菌,也会形成沾染器表的霉斑。

(5) 老旧修复: 拙劣的修复或者修复材料的老化会对器物产生危害:粘结剂失效导致陶瓷器结构不稳定,碎片脱落分离;金属锔钉生锈、有机粘结剂长霉、玷污器物表面;修复材料脱落、变色或修复层过度遮盖原器,会影响器物原本形貌的辨识。

第二节 记 录

一、记录的定义

各国文化遗产保护协会的《行动指导》都强调了记录的重要性，要求对文物的检查、修复工作都要有相应的文字和图像记录："修复记录应该包括修复日期，介入行为和所用材料（组分）的描述，观察结果以及在修复期间显示出的文化遗产的结构、材料、状况或者相关历史的细节。从这些记录中，以修复报告的形式完成一份摘要。文物保护人员应该将这份报告提供给文物所有人，并且强调将这份报告作为文化遗产历史的一部分加以保存的重要性。"（加拿大文化遗产保护协会与加拿大专业修复人员协会制订的〈道德公约与行动指导〉）

完备的修复工作记录并不是可有可无的，它有非常重要的作用：首先，当需要将文物恢复到修复前的状态时，记录可以提供必要的依据。修复专家在了解修复材料和工艺之后才能确定最合适、安全的清除方法。尤其早年修复或者修复处比较隐蔽的文物，如果没有信息备案，"盲目试验"是相当危险的。其次，修复过程是对文物的人为干扰，一经实施就无法重现原初的状态。修复固然是为了抢救文物的需要，但是同样有责任以文字、照片形式将文物修复前后的变化记录在案，以便后人在需要时查阅。最后，修复记录有利于文物修复者对于使用的修复材料在现实环境中的效果进行评估，当考察修复材料如粘结剂、填补材料、上色材料等在日常环境中的变化时，这是评估材料优缺点的最佳证明。

二、记录的内容

整个文物保护和修复的过程都要求提交翔实的记录（见表5），包括以下的内容：

1. 登记检查
   - 器物名称、登记号、所有者、申请人等;器物尺寸、形状、构造、质地、颜色、纹饰等(文字描述、照片、绘图等方式);器物产地、年代、用途、原料、制作工艺技术等所有涉及历史、美学、技术、科学、经济等方面的信息。
   - 器物败坏的类型及程度:盐蚀、剥釉、粉化、黑斑、结壳、碎裂、缺损、开片等;相关科学检测与分析;器物的保护修复的历史;器物埋藏或保存的环境等。
2. 诊断分析
   - 败坏原因与机理:与保存环境有关(可溶性盐、海洋微生物、盐类堆积、浮尘油腻堆积)/人为因素(意外撞击、不恰当修复)/与材料与制作工艺有关(胎釉结合不良、胎质孔隙率高、铅釉变质等)。
   - 败坏对器物的影响及程度。
   - 败坏今后可能的发展及危害。
3. 保护/修复计划的制订
   - 保护/修复目标确定:诊断检查的结论;申请人的要求;保护/修复的职业道德。
   - 保护/修复计划:选择保护/修复的类型;明确各项步骤的顺序;采用的方法与材料;预计的完成时间。
   - 核定、批准保护/修复计划。
4. 保护/修复计划的实施
   - 每项操作使用的方法技术、设备仪器、材料工具等;操作后的器物信息与状态,指明处理的部位与最终造成的变动(文字描述、照片、绘图)。
   - 记录修复过程中发现的信息、搜集的相关参考文献资料。
   - 评估保护/修复预期目标的达成情况(比对最初的保护/修复计划)。
5. 储存与养护
   - 推荐最佳保存环境(光照、相对湿度、温度等)。
   - 对特殊包装的特别说明。

- 理想的检查频率和模式

表5 文物保护与修复记录档案

文物保护与修复记录档案			档案编号：	
			到达日期：	
			离开日期：	
1. 登记检查				
登记号			名 称	
所有者			申请人	
申请内容				
申请日期			批准日期	
照 片			绘 图	
			比例：	
尺 寸 (cm)	长度		宽度	
	高度		厚度	
	直径		重量	
器物描述	形状、构造、质地、颜色、纹饰、铭文；年代、产地、出土与保存环境；用途、原料、制造者、制作装饰技术等			
损坏描述	损坏类型、区域大小、所处位置；碎片或缺失处的数量；旧的修复及其状态(在图中标明)			
文物价值分析	文物的历史、艺术等价值，明确哪些器物信息、现象和特征是这些文化价值的基础。			
科学检测分析	检测名称与结果(如X光摄像等)			
其 他				

续表

2. 诊断分析	
损坏原因	损坏的状况及原理
损坏对文物价值的影响	损坏对器物的理解、观赏和外表有哪些影响？
损坏可能的发展及危害	损坏未来可能造成的风险？
3. 保护/修复计划的制订	
申请人的要求	需修复的区域；修复后预计的外观；器物日后的用途、保存和展出的环境等
保护/修复目标	根据以下三方面确定：1、诊断分析的结论；2、申请人的要求；3、保护/修复的职业道德。
保护/修复计划	选择保护/修复的类型；各项步骤的顺序；采用的方法与材料；预计完成时间等
4. 保护/修复计划的实施	

保护/修复记录：详细指明每项操作的类型，采用的方法（方法、操作的环境、温度、时间等），采用的试剂（商业名称、化学名称、浓度、溶剂），在图画上标明实施的位置，实施前后的改变。

步骤名称	材料与方法	效果	时间	次序
拆分				
清洗				
加固				
拼接				
配补				
上色				
起止日期	＿＿/＿/＿ ＿＿/＿/＿	修复者		

续表

预期目标的达成情况：比对最初的保护/修复计划进行评估。

照片	绘图
	比例：

尺寸(cm)	长度		宽度	
	高度		厚度	
	直径		重量	

备注	修复过程中发现的信息，搜集的相关参考文献资料等

5. 储存与养护

　　最佳保存环境（光照、相对湿度、温度等）；对特殊包装的特别说明；理想的检查频率和模式

参考文献

1. Nigel Williams, Porcelain Repair and Restoration, Philadelphia: University of Pennsylvania Press, 2002.
2. J. M. Cronyn, Elements of Archaeological Conservation, New York: Routledge, 1990.
3. John M. A. Thompson, Manual of Curatorship-A Guide to Museum Practice (2nd Edition), London; Boston: Butterworth-Heinemann, 1992.
4. Nicole Blondel, Céramique, Paris: Monum, Editions du patrimoine, 2001.
5. Code of Ethics of the Canadian Association for Conservation of Cultural Property and of the Canadian Association of Professional Conservators, http://capc-acrp.ca/ethics.asp
6. Susan Buys, Victoria Oakley, The Conservation and Restoration of Ceramics, Oxford: Butterworth-Heinemann, 1999.
7. Victoria Oakley, Kamal K. Jain, Essentials in the Care and Conservation of Historical Ceramic Objects, Archetype Publications Ltd, United Kingdom, 2002.
8. Lesley Acton, Natasha Smith, Practical Ceramic Conservation, The Crowood Press Ltd, 2003.
9. Lesley Acton, Paul McAuley, Repairing Pottery and Porcelain: A Practical Guide, A & C Black Publishers Ltd, 2003.
10. 汪庆正:《简明陶瓷词典》,上海辞书出版社,1997年。
11. Restoring a 17th century Stoneware Mug
    http://www.vam.ac.uk/res_cons/conservation/conservation_case_studies/ceramics_case_study1/index.html
12. Search the Collections — Victoria and Albert Museum/
    http://collections.vam.ac.uk/

第四章 清洗与拆分

第一节 清 洗

一、清洗的定义

清洗指去除古陶瓷表面或内部的各类杂质或异物，包括传世陶瓷器上日积月累的污渍、灰尘、油腻，出土器物内部有害盐类或外部土锈、钙质堆积物，以及老化不美观的老旧修复的残留物等。概括来说，清洗的目的有二：一是清除损坏陶瓷器胎釉结构的有害物质，停止或延缓败坏的发生，例如：对出土陶器进行脱盐处理，清除陶器内部导致器物酥解、釉层剥落的可溶性盐；二是为了清除丑陋、不雅观的外在堆积、污垢或陈旧的修复材料，令陶瓷器的碎片茬口清洁、器物色泽清晰，从而保证碎片拼接、上色等操作的顺利开展。

二、清洗前的准备

1. 器物与污物种类

清洗之前，首先要检查陶瓷器的结构与组成，判断其脆弱或不牢固的部分是否能够承受清洗操作。例如，检查器物表面是否有彩绘、胎釉是否有龟裂、器物是否曾修复过，如果处于不稳定的情况，那清洗前必须先进行适当的加固。其次，要对污渍或堆积物进行检查和判断，如果堆积物包含重要的历史考古信息，反映了器物使用或保存环境的情况，如纺织物痕迹、食物残留、珊瑚堆积（海底发掘器物）等，只要不妨碍修复或过分影响器物的形象，均要保留。但是，如果这些残留不清除，会对文物的保存或修复造成影响，就要适当清洗，但之前一定要做好标本采样、摄影等记录工作。

陶瓷器沾染的污物种类很多，主要是由于保存环境和使用状况造成的，例如，经常接触食物的器物会在缝隙中堆积灰尘或油腻；曾埋藏地下的器物常见土锈、金属锈、钙质堆积；水下出土的器物常见有白色盐渍、黑色污斑；经过修复的器物，清除对象还包括脆弱老化、妨碍美观的粘结剂、色漆、金属锔钉等。而且通常情况下，胎质疏松的陶器、开片的釉面、造型繁复的器物更加容易吸附污垢，针对这类器物的清洗也最为复杂与困难。

2. 清洗操作的要点

清洗是干预性的操作，不但对器物材质带来潜在危险，而且会扰乱破坏文物所蕴藏的信息与价值，例如：过度的机械刷洗会打磨掉碎片，导致碎片无法准确拼接；溶剂可能使夹砂陶分解，洗掉器物的某些彩绘层；某些化学溶剂的清洗会弱化陶器的结构，使其老化；同时清洗剂能够萃取器物中的食物衰变产物。因此，安全的清洗操作必须遵循以下几点：

（1）清洗前预备：针对考古出土陶瓷器，首先要对陶瓷器样品或者附着残留物进行采样，便于日后利用科学仪器对样品进行测试与分析。正式清洗前需进行小范围试验，判定清洗剂或工具使用有效且不伤害器物；选择器表不明显区域，用指甲或者竹木质尖锐工具轻划，可以大致判断陶瓷器的硬度；利用显微镜观察工具刷洗器物表面后的摩擦痕迹，可以帮助选择硬度适宜的工具。

（2）清洗过程中：对于保存状况良好的陶瓷器，通常采用刷子刷洗的方式。清洗考古出土碎片时，要置于筛子上，在流动的细水注下一片一片刷洗。如果在水盆中清洗碎片，要及时更换清水，避免洗下的土渣摩擦损伤器物。器物要避免采取全部浸泡的方式，为了防止污渍或清洗剂扩散入器物内部。使用清洗剂清洗孔隙率高的器物时，预先用水浸湿陶瓷器以减少清洗剂的渗入量。

（3）清洗结束后：如果使用化学试剂清洗，需用清水将残留物彻底漂洗干净，最后用软布吸干水分，置于通风避光的室内晾干，有时需要数天或更长的时间。如果干燥过程中器物表面析出白色盐类

(针状的白色粉末或者结晶),要立刻停止干燥,将碎片湿润保存,首先进行除盐的处理。

总之,清洗的目的是为了文物长久保存,而不是追求要将文物变得焕然一新。因此清洗操作不可过度,要适当保留古代陶瓷器的"历史"风貌。

三、清洗的方式

在全面检查了古陶瓷的保存状况、污物的种类及污染程度之后,可以依照不同的情况,选择不同的清洗方式,主要可分为机械清洗与化学清洗两大类:

1. 机械清洗(见表1)

指用软刷、竹签、手术刀等工具来清除覆盖器表或嵌入沟缝的灰尘和污物。与化学清洗相比,机械方法的优点是避免清洗过程中污渍随着清洗剂进一步扩散,能够更好控制清洗进程。机械清洗的方式可以概括为四类:

(1) 除尘:用软布、笔刷、真空吸尘器等清扫、拂拭、吸取附着在器表上的浮土和灰尘。除尘不要使用掸子或者棉签,那可能会勾伤表层脆弱的陶器或釉陶。轻轻扫过表面,不要反复摩擦,造成静电,这会吸附更多灰尘。

(2) 切削:用有合适强度和形状的刀具,例如手术刀、针、竹刀等,以切除、削断的方式,来清除牢固附着器表的坚硬物,例如钙质结壳或者旧的修复材料。考古发掘品上的污泥浊土或堆积物,要在完全干燥前清除,完全干燥后附着物就会变得很坚硬,必须用水或者酒精溶液软化后清除。

(3) 研磨:用砂纸、研磨膏等磨具,逐步磨平器表附着的堆积物。挑选的磨具的强度要足以清除堆积物,但又不可过于坚硬而磨伤器物。避免用于无釉、多孔的陶器,开裂脆弱的釉面,以及低温釉上彩瓷。深入到釉层缝隙中的污渍也可以用细研磨膏清除。

(4) 振动:超声波清洗是利用超声波振动的原理,超声波在清洗液(例如:蒸馏水)中的辐射,使液体震动产生数以万计的微小气泡,气泡破裂产生的力量足以快速冲刷污垢,尤其是那些很难触及的位置,例如器表的缝隙、小口瓶的内部等。类似的设备还有牙医使用的洗牙器,它可以在水流中发送超声波产生振动,从而清洁表面。

机械清洗要遵循由弱到强的原则,可先用大小形状适合的软毛刷清扫灰尘污物,如效果不好,再逐步更换硬度稍大的刷子。沟缝内的顽固污物,用竹签、手术刀等尖锐工具仔细剔清。机械清洗并不一定都是干洗的方式,如果器物状态良好,可以局部或全部润湿软化污垢,方便清除。对于脆弱部分的清洗,要使用显微镜协助操作。

表1 机械清洗的方法

方法名称	清洗对象	工具与材料	操作说明
除尘	附着表面不牢固、非油腻的尘土	笔刷、软布、吸尘器	避免将灰尘扫入凹陷或者缝隙处;小心除尘工具勾伤脆弱开裂的表面;不要反复擦拭器表,这会导致静电,吸附更多灰尘。
切削	牢固附着表面紧密的固体堆积;干固的土块、硬壳、旧的修复材料等。	手术刀、针、竹签及其他自制工具	有损伤器物的危险
研磨	可用于瓷釉表面的堆积物,例如:钙质堆积;或者釉层细缝中的灰尘。	研磨膏:用棉花签或者毛刷蘸研磨膏来研磨,再用干净的棉签(或用适当溶剂浸润后)清理。	选择强度适中,不含油脂,不含漂白剂等其他有害物质的研磨膏;研磨膏干燥前要清除干净,否则会留下残渍。
	用于附着在坚硬釉面(无釉上彩)的堆积物	砂纸	砂皮打磨时用力要尽量少;时常用显微镜观察,确保没有伤到釉面;避免用于釉上彩瓷。
振动	配合水或清洗液,清洗普通工具难以达到的部位,如缝隙内的堆积物与污渍。	超声波清洗器、牙医洗牙器	避免用于质地疏松的器物

但事实上,机械清洗不损害器物表面是非常困难的,用显微镜观察清洗中和清洗后的表面都可以发现清洗造成的磨损和划痕。最大的危险是器表的结壳比器物自身更加坚硬(例如,软胎上的不溶盐结

壳),或者结壳与器物表层的附着力要大于表层与胎体的附着力。这个时候,只好用化学手段来软化甚至消除结壳,或者尽量在表层与胎体之间渗透加固剂增加其附着力。

2. 化学清洗

除了普通污垢,化学清洗对各种油脂类、树脂类污渍、盐类结壳等有显著的效果(见表3)。尽量避免将陶瓷器浸没在清洗剂中清洗,这可能导致器物内部的可溶性盐移动,或者使污物扩散、转移到深处,还会损伤陶瓷器的胎釉及其上的镏金、彩绘等纹饰。修补过的陶瓷器更不可完全浸湿,那会破坏粘结剂、金属锔钉等老旧的修复材料。正式清洗前,先要选择局部进行试验,以证明清洗剂有效且不伤器物。化学去污后,要用蒸馏水、去离子水漂洗。最后,用软布吸干水分并且放置在通风处自然吹干或者用冷风机吹干。

(1) 水

古陶瓷清洗可以使用纯净水、蒸馏水、去离子水。天然水含有多种杂质,如碳酸氢钙、氯化物等,不能直接用于古陶瓷器的清洗。清洗前,先要判断器物胎釉的强度是否可以承受水洗,即用指甲在器表上划动,如能够划出痕迹,器物就要避免浸湿在水中清洗。

对于光滑、牢固的器物表面,可以用软布、软刷配合温水进行清洁。尤其对出土的陶瓷器,在泥土变硬和收缩之前,用水配上柔和的刷洗通常是最好的清洗方法。当附着表面的污泥浊土过硬过厚,可先用手术刀等工具基本清除后,再用清水洗净。对于脆弱部位,则应选择脱脂棉签沾湿温水局部清洁,使用棉签时要卷动而不是涂擦,要将污物从器表揭起,避免灰尘、污渍压入内部。

胎釉牢固的器物可以浸在水中清洗,但不宜浸泡过长时间。有专家采用欧美国家流行的家庭蒸汽清洁机,该机器将液态水转化为蒸汽后喷在器物表面进行清洗,对于造型装饰复杂、污垢顽固的陶瓷器有很好的清洁效果。与普通手工清洗相比,不但工作效率大幅度提高,而且用水量相对较少。有彩绘、釉面脆弱、体积过大等不适宜用水浸泡的器物,可利用有吸水性的纸或棉花团沾湿清水后,敷在器物表面吸附污渍,这种清洗方式更温和、安全,不容易造成污物的扩散。

用水浸泡是清除器物内外可溶性盐的有效方式,必要时浸泡前须局部进行加固。清洗时,适当加热有助于扩大器物的孔隙,加速盐类的溶解。清洗的水要不断更换,最后测量水的电导率或者其中的氯离子来确定是否清洗完毕。如果器物体积过大,不适于浸泡,可以采用吸水纸敷在器表吸附盐类,这种方式比浸泡要安全,但无法明确清洗是否彻底,所以清洗后要定期检查其表面是否再次出现盐类,而且要存放在温湿度稳定的地方。

清洗结束后,器物要放在通风处自然晾干,或者是用冷风机吹干。孔隙率高的陶器所需干燥时间更长,完全干透前胎质变松软,需要小心取放。为减少水的用量、加快干燥的速度,清洗质地疏松的陶器时,可在水中添加丙酮或者无色工业甲醇(丙酮与水的比例是25/75;工业甲醇与水的比例是50/50),但是工作必须在通风良好的房间内进行。

(2) 洗涤剂

水能清除浮尘或者泥土,但不能有效清除油腻物质,可适量添加洗涤剂帮助除去牢固灰尘和油腻。洗涤剂的分子含有极性的亲水部位和非极性的亲油部位,可以分别与水和油腻污垢相容,乳化油污、令污垢悬浮于水中。而且,洗涤剂还可以充当润湿剂,降低水的表面张力,使固体物料更易被水浸湿。

洗涤剂可以分为四种基本类型:阴离子洗涤剂、阳离子洗涤剂、两性离子洗涤剂、非离子洗涤剂。其中首选的是非离子的洗涤剂,因为其清洗后不会留下阴离子或阳离子,不会形成吸附灰尘的带电表面。洗涤剂本质上都带极性,不容易清除,而非离子洗涤剂要比离子洗涤剂更加容易清除。

肥皂与洗涤剂的特性基本相同,但肥皂是有机酸(植物油或动物脂肪)加碱后加热,经皂化反应制成的,洗涤剂则是采用无机酸盐类。可是肥皂水不能使用于古陶瓷清洗,肥皂水会与陶瓷器内部或硬水中的金属离子反应,形成不可溶的浮渣,在器物上留下难去除的黄褐色污斑。商业洗涤剂也要慎用,因为其中含有色素、香精、漂白剂等成分不明的添加物,可能对器物造成损害,尤其是烧结温度低、孔隙率较大的陶瓷器。

（3）有机溶剂

有机溶剂适合清除油脂、油漆、蜡质类污垢，这些物质多是非极性分子，不溶于水，只能溶于非极性的有机溶剂中。当污渍无法用水和洗涤剂去除时，可以用棉签浸润有机溶剂来擦拭污渍。有机溶剂易挥发，有刺激性气味，对人体有一定毒性，操作要做好防护措施，并在有通风设备的地方操作，在通风、避光处储存。

古陶瓷修复常用的有机溶剂有：乙醇、丙酮、香蕉水等。乙醇（俗称酒精），是无色透明易挥发的液体，能溶解许多有机化合物和若干无机化合物，可溶解油脂类、树脂类材料。丙酮是一种溶解范围较广的优良溶剂，能溶解油、脂肪、树脂和橡胶等许多有机化合物，可清除顽固的油腻污垢，也可溶解和软化多种粘结剂、色漆等修复材料。香蕉水（商品名）是由多种有机溶剂（酯、醇、酮、芳香烃）配制而成的溶液，是无色透明液体，极易挥发与燃烧，主要用于溶解或稀释硝基清漆等。

（4）氧化剂（过氧化氢）

如果水或有机溶剂都无效，可转而使用氧化剂，使污斑的色素氧化变为无色。过氧化氢（双氧水）是一种无色液体，既具有氧化性，又具有还原性，在光热作用下易分解为水和氧，在发生氧化分解的同时，反应产生的氧气压力对污垢的解离有促进作用，因此有很好的去污作用，可以用于氧化有机污渍。

清洗可以采用过氧化氢和氨水的配方：先将碎片用水清洗几分钟，吸收水分，减少胎体对于过氧化氢的吸收，然后在过氧化氢溶液中滴入1—2滴氨水（氨水起到催化作用，放出氧气将污垢带到器物表面），将混合溶液浸湿棉条，用镊子将棉花紧贴在污渍部位，并用锡纸或者塑料袋包裹好防止挥发，每2个小时更换棉条，直到污渍洗净为止（如图1）。最后用清水浸泡，漂洗干净，有时清洗时间要长达好几周。氨水有挥发性，过氧化氢反应后变成水，几乎不会形成残留。有专家认为6%（体积）的过氧化氢就可满足需要。

海中打捞上的陶瓷器容易沾染有机污斑，这是由海中生物和细菌活动形成的，通常呈黑色。有时硫化物还会渗透到多孔的胎体或者败坏的釉层下。烧结温度低的陶瓷器也非常容易附着这类黑斑，

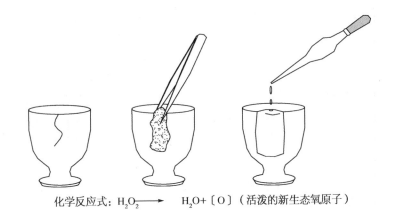

化学反应式：$H_2O_2 \longrightarrow H_2O+[O]$（活泼的新生态氧原子）

图 1　采用过氧化氢清洗瓷器

针对这类污渍的最有效的方法也是采用过氧化氢。根据污斑轻重不同,可以采用10%—25%(体积)的过氧化氢蒸馏水溶液。

过氧化氢不要用于软胎瓷器的清洗,如果漂洗不彻底,化学残留会导致环氧树脂粘结层迅速变黄。也不可以用在胎釉含铁的陶瓷器,因为会与铁发生氧化反应形成氧化铁,产生黄色、棕色的铁锈斑。过氧化氢还会损伤釉上彩和镏金部分。

此外,不可使用84消毒液等氯水漂白剂,容易残留氯离子,损伤胎釉且造成大幅度变色。

(5) 酸性清洗剂

考古出土的陶瓷器表面常常覆盖坚固的不可溶盐类结壳,其成分通常包括有碳酸盐类、硫酸盐类、硅酸盐类等物质。结壳成分的定性分析方法：1、碳酸盐类：置于3%盐酸溶液中,室温下迅速溶解,产生大量气泡。2、硫酸盐类：常与碳酸盐类相混,如果加入盐酸,并不完全溶解,再将残渣放到1%氯化钡水溶液,残渣溶解而澄清的氯化钡溶液变浑。3、硅酸盐类：常与碳酸盐类相混,如果加入盐酸,不全部溶解,残渣能溶于3%氢氟酸溶液中。

通常不溶盐类结壳的硬度高于其附着的陶瓷器,很难用机械方法或清水冲洗来清除干净,须采用酸液将不溶盐溶解,然后用水漂洗清除。常用的酸洗液有：稀盐酸、稀硝酸。操作步骤是：预先用水浸湿器物，然后将结壳部分浸在10%—20%的稀盐酸或稀硝酸中。当二氧化碳气泡停止后就更新酸液，直到再没有气体产生。结束后，用蒸馏水冲洗器物，测量清洗后的水的PH值，判断酸液是否彻底漂洗干净。

酸液清洗存在一定的危险，有的陶器内部掺有贝壳或方解石（碳酸钙），或镶嵌方解石作装饰，酸液会与这些碳酸钙成分发生化学反应，破坏器物结构；当酸液与碳酸盐反应时，激烈的二氧化碳气泡会使脆弱的釉层表面脱落；硝酸会溶解铅釉层，使釉色变白，因此首先要用稍安全的稀盐酸来清洗，不得已时再用稀硝酸。

草酸（乙二酸）对铁锈有较好的溶解力，但同时会与陶瓷器胎釉当中的铁发生反应，严重时会造成釉层脱落。

(6) 碱性清洗剂

碱性溶液可以用来清洗动植物油脂，或者颜料、蜡等其他有机涂层。碱液中的氢氧离子与油脂发生皂化反应，起到去污作用。碱性清洗剂包括氢氧化物、金属氧化物以及氨的水溶液，常用试剂有氢氧化钠、碳酸钠、碳酸氢钠、氨水（见表2）。碱液去油污的能力强，但是用于孔隙率高的陶器时，不容易彻底地漂净，残留物会损伤破坏陶器的材质。因此，碱液只能用于孔隙率较低的陶瓷器。必须注意的是，碱液对于人体有伤害，操作时应穿工作服、戴橡皮手套和防护眼镜。

- **氢氧化钠**：俗名烧碱、苛性碱，白色透明晶体。有强烈的腐蚀作用，在空气中迅速吸收二氧化碳和水，需密封保存。氢氧化钠能与动植物油脂发生皂化反应，生成易溶于水的甘油和肥皂，肥皂又是一种表面活性剂，利用其乳化作用，可使未皂化的油污被润湿乳化而从物体表面去除。市售的氢氧化钠为固体颗粒，对于皮肤有灼伤危害，需要溶于水制成溶液，溶液一般为2摩尔浓度。

- **碳酸钠**：俗名苏打、纯碱，白色结晶固体，可以使油脂中游离的脂肪酸形成肥皂，利用肥皂的乳化润湿作用使油脂污垢疏松而去除。

- **碳酸氢钠**：白色粉状物质，碱性较弱，俗称小苏打。小苏打有的时候也结合牙医设备来当作温和的磨料。

- **氨水**：氨水不稳定易挥发，有强烈的刺激臭味，对眼睛、鼻腔有害。在陶瓷清洗中，氨水可以用作过氧化氢的催化剂，起到漂白污斑的作用。氨对铜离子具有良好的络合性能,产物都是易溶的,也被用来清除由于铜铆钉或鎦金装饰腐蚀而形成的铜锈斑。氨水与工业酒精混合(1∶1)可以用来清洗虫胶。

表 2　常用碱性试剂的 PH 值

类别	名称	化学结构式	浓度为1% 时水溶液 PH 值(24℃)
氢氧化物	氢氧化钠	NaOH	13.1
	氢氧化铵	NH_4OH	11.5
碳酸盐	碳酸钠	Na_2CO_3	11.2
	碳酸氢钠	$NaHCO_3$	8.4

(7) 金属离子络合剂(螯合剂)

络合剂主要用于清除器表不溶盐结壳和金属污斑,它可以与钙、镁、铝、铁等金属离子结合形成可溶性的络合物,再用水将络合物漂洗清除。螯合剂是络合剂的一种。络合剂不可用于胎釉含金属成分的陶瓷器(例如,铅、铁);未经烧制的纹饰;低温釉上彩、金彩;曾经修复过的部位;胎釉脆弱不稳定的器物等。

常用的络合剂包括:乙二胺四乙酸(EDTA)、六偏磷酸钠、三磷酸钠、柠檬酸钠等。

- **乙二胺四乙酸**　可与金属离子形成稳定的八面体结构的络合物。5% 的 EDTA 四钠盐(EDTA +4Na)溶液的 PH 值约 11.5,配合轻柔的刷洗,可以成功清除海底发掘陶瓷器上的钙质结壳,而不会与胎釉中的氧化铁或氢氧化铁发生反应。而且,适当加温也可以加快络合反应的速度。5% 的 EDTA 二钠盐(EDTA +2Na)溶液,溶液为酸性,能够有效清除顽固的铁锈斑或铜锈斑,但不适用于胎釉含铁的古陶瓷的清洗。除浸泡法、覆盖法之外,可以在溶液内添加增稠剂,调配成胶状,局部涂在锈斑上,然后用棉签擦去,反复多次直到清除干净。

- **六偏磷酸钠**　可以与硬水中的钙、镁等离子结合生成可溶性的络合物。在清洗海底陶器表面的钙质结壳时,可用 10% 的六偏磷酸钠水溶液清洗,但效果不如 EDTA 的四钠盐。六偏磷酸钠通常用作软水剂,可增强洗涤剂的清洁能力。

概括来说,化学清洗操作分以下三种:
- **浸泡法**:将需清洗的部分完全浸入清洗剂。所需清洗剂较多,成本高。事先确定器物胎质是否足够牢固,挥发性的清洗剂要用有盖容器盛放。
- **覆盖法**:将清洗剂浸湿棉条,贴覆在污渍部分。大多针对挥发性清洗剂,可避免清洗剂对于器物其他部分的影响。
- **蒸熏法**:将器物放在干燥器里,隔板上面是器物,下面是清洗剂,将器物置于饱和的溶剂气体之中。这种方式更安全,用于质地较脆弱、孔隙率高,不宜浸泡清洗的器物(如图2)。

图2 蒸熏法清洗

表3 古陶瓷器的化学清洗方法

污垢	性质	化学试剂
可溶盐	氯化盐、硝酸盐等	清水 (蒸馏水、去离子水)
不溶盐	碳酸盐、硫酸盐等	5% EDTA+4Na
		10%—20% 硝酸/盐酸
污斑	铁锈斑	10% 草酸
		5% EDTA+2Na
	黑色硫化铁、有机污斑	10%—25% 过氧化氢

第二节 拆 分

一、拆分的定义

拆分指的是清除古陶瓷器原有修复材料,例如,粘结剂、填补材料、仿釉色层等,为再次修复作准备。这项操作一定要谨慎对待,它可能对保存状况不佳的器物造成损害,而且每次拆散都会磨损碎片的茬口。而且,随着对于保护意识的更新发展,人们已经意识到过去的修复痕迹也属于器物历史的组成部分,除非已经影响到文物的安全,妨碍人们对文物的观赏与研究,我们还是尽量保留原有的修复,避免轻易地拆分古陶瓷器。通常,采取拆分的措施会涉及以下几种情况:

- 原修复拙劣,例如:粘结错位;使用不适当的修复材料。
- 原修复材料收缩、曲卷、开裂。
- 材料老化对器物产生了危害,例如:粘结剂失效;金属锔钉生锈、玷污器物。
- 修复部分面积过大,过度遮盖原器。

二、拆分前的准备

拆分前要利用肉眼或者放大镜等工具来检查,确定旧有修复材料的位置和范围。需要拆分的对象主要有:仿釉色层、填补材料、粘结剂、金属锔钉等。拆分可以采用机械方式,也可以使用化学方式。如果只有部分原材料老化,也可以进行局部拆分,降低操作带来的风险。正式拆分前要做好防护工作,在器物下垫好塑料泡沫等材料,防止粘结处突然散开。

三、拆分对象及方法

1. 仿釉色层

对于有釉的陶瓷器来说，某些老化的仿釉色层与釉面的附着力并不强，用薄而锋利的手术刀可以方便清除，但要小心不能刮伤硬度较低的釉上彩或镏金，或者已经脆弱的釉层表面。如果仿釉层附着力太强，且要防止伤到器表，就要选择化学试剂来清洗，可以用棉花签蘸乙醇、丙酮等有机溶剂来清除。要注意有机溶剂可能会溶解低温釉上彩和镏金部分。

2. 填补材料

填补材料是用来取代缺失的部分，也会起到一定的加固作用。通常清除色层之后，就可以发现填补材料的位置。填补材料的材质包括：石膏及其混合物、环氧树脂、502胶等粘结剂与填料的混合物，用肉眼观察就可以分辨。填补材料一般采用机械方法，先用锉刀、钻子等工具将大面积的填补材料去除，然后换手术刀、针等细小工具清除靠近碎片边缘的填料残余，必要时使用水（温水）、乙醇、丙酮、天那水等软化残余后清除，如果溶剂使用过多，粘结剂或填补材料残留会随溶剂嵌入裂缝深处或者吸入胎质内部。

拆除填补材料可能会造成器物碎片之间分离，要事先做好安全措施，防止填补材料或者碎片意外跌落，造成再次碎裂。此外，拆除石膏等填补材料会造成粉尘颗粒的散播，嵌入器物裂缝或孔隙中，造成再次污染，可以事先遮盖部分器表用于防尘。修复者也要做好防护工作，避免吸入有害粉尘。

3. 粘结材料

陶瓷修复使用的粘结剂种类很多，判定粘结剂种类之后，第一步选用适合的溶剂破坏粘结层，使碎片分离，第二步利用机械手段或化学手段清除残留在碎片茬口上的残胶。早年的粘结剂常为虫胶、动物胶等天然树脂，近年来比较多采用环氧树脂粘结剂（万能胶）、α-氰基丙烯酸酯粘结剂（502胶）、硝酸纤维素粘结剂、聚醋酸乙烯酯粘结剂（PVAC）等。

很多情况下,拆分前并不能立即确定粘结剂的种类,因而就要按照溶剂强度大小依次尝试。可以先选择最安全也最经济的水开始,经过一段时间的热水浸泡(在不损伤器物的前提下),动物胶、虫胶、聚醋酸乙烯酯粘结剂(PVAC)等可以被加热软化,有助于将碎片分开。如果热水没有效果,可改用丙酮等有机溶剂,它们能够有效溶解PVAC、丙烯酸酯树脂粘结剂、硝酸纤维素粘结剂等许多合成粘结剂(除了环氧树脂外)。最后采用甲酸、二氯甲烷等试剂来溶胀环氧树脂粘结剂(见表4)。

表4　国内常见粘结剂及其清洗剂

粘结剂	清洗剂	粘结剂	清洗剂
环氧树脂粘结剂	甲酸、二氯甲烷	聚醋酸乙烯酯粘结剂(PVAC)	热水、丙酮
α-氰基丙烯酸酯粘合剂	热水、丙酮	虫胶	热水、乙醇、丙酮
硝酸纤维素粘结剂	丙酮	动物胶	热水、乙醇、丙酮
丙烯酸酯树脂粘结剂	丙酮		

(1) 用水拆分

在大小适中的容器底部铺上软布,注入温水后浸入器物,然后逐步添加热水,切勿立即使用沸水,可能会因为突然的热胀冷缩而损伤器物。如果是大小适中的高温瓷器,为加快速度,也可以直接放入锅内用电磁炉加热,沸腾后水蒸气更加容易作用于粘胶处。通常热水浸泡至少要2个小时,直到碎片自然脱落,如果没有脱落,可人为稍加用力帮助分离。

(2) 用有机溶剂拆分

丙酮等有机溶剂能够溶解许多粘结剂,但是有机溶剂大多是易挥发、易燃、对人体有刺激性,而且会溶解低温釉上彩和镏金,因此使用要小心谨慎。对于无釉上彩和镏金的小型高温瓷,可以直接浸泡在有机溶剂中,也可以用来清除碎片残留的粘结剂。但溶剂要盛放在可密闭的玻璃容器内,并且在有通风设备的房间内操作。丙酮等属于易燃物质,不可加热清洗。对于那些质地脆弱的器物,可以采用熏蒸法清洗，但拆分的速度比较缓慢，至少要好几个小时。覆盖法适用于那些无法浸泡的器物，将若干棉花球蘸有机溶剂后，依次摆放在胶结处，并与之贴紧，最后在表面覆盖铝箔纸，防止挥发，在铝箔纸上开小洞，定期用滴管补充，每半个小时检查一下拆分的情况。

（3）拆分环氧树脂

环氧树脂是最难清除的理粘结剂，近来修复中经常使用，尤其是用于那些大型器物。老化的粘结剂呈深黄色或者褐色，粘结层非常牢固不会变脆，大多数情况，很难用普通有机溶剂分离。如果器物质地较好，可以将器物置于烘箱中加热到150℃—200℃（15—30分钟），取出后适当施力将碎片分离，残留在碎片上的粘结剂用甲酸浸泡使之软化，然后用手术刀等工具清除。如果器物为高温瓷器、无釉上彩、大小适中，可直接浸泡在甲酸中，直到环氧树脂胶层溶胀而自然脱离。甲酸有挥发性，对人体有害，器物或者碎片一定要放在加盖的玻璃容器中浸泡，并且在配备通风橱的地方操作，修复人员也要做好防护。浸泡结束后，用夹子取出碎片，用清水冲洗掉残留甲酸后，再用手术刀等工具清除残胶。

同样，二氯甲烷也可以溶胀、软化环氧树脂。根据胶层的厚薄情况，采用多次涂刷或者浸泡的方法。有时施用了二氯甲烷之后，碎片没有立刻分离，洗净器物之后，继续用热水浸泡，破坏环氧树脂胶层。二氯甲烷挥发刺激性气味，易燃，不能用在有釉上彩、彩绘或者镏金部位，操作时要做好防护，否则会造成操作者恶心或头痛。

基本拆分后，碎片往往还留有残胶，有人主张尽量用机械方法，因为使用溶剂会使软化的粘结剂扩散到碎片接口的缝隙里，再次拼接时就不易对准。

4. 金属锔钉

传统锔补（如图3）修复留下的金属锔钉可首先采用机械方法清除。方法是先用热水或丙酮软化锔钉根部的胶泥，然后将锔钉撬起一部分后从中间剪断，随后将两截钉子用钳子依次拔出。锔钉的根部大多是斜插入器表，所以如果不先将锔钉剪断，同时拔出整个锔钉，势必会破坏附近的胎釉（如图4）。此外，在拔锔钉之前，要用胶带固定碎片，以防突然散架。金属锔钉形成的铜锈或者铁锈可以采用前文介绍的化学清洗方法来处理。

图 3　锔补过的瓷碗

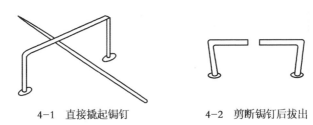

4-1　直接撬起锔钉　　　　4-2　剪断锔钉后拔出

图 4　拆除锔钉

参考文献

1. Gerald W. R. Ward, The Grove Encyclopedia of Materials and Techniques in Art, New York: Oxford University Press, 2008.
2. M. C. Berducou, La conservation en archéologie, méthodes et pratiques de la conservation-restauration des vestiges archéologiques, Paris: Masson, 1990.
3. Susan Buys, Victoria Oakley, The Conservation and Restoration of Ceramics, Oxford: Butterworth-Heinemann, 1999.
4. Jeanne Marie Teutonico, Architectural Ceramics-Their History, Manufacture and Conservation, London: James & James, 1996.
5. Colin Pearson, Conservation of Marine Archaeological Objects, London: Butterworths, 1987.
6. Nigel Williams, Porcelain Repair and Restoration, Philadelphia: University of Pennsylvania Press, 2002.
7. Donny L. Hamilton, Methods of Conserving Underwater Archaeological Material Culture, Nautical Archaeology Program, Texas A&M University, 1999. http://nautarch.tamu.edu/crl/conservationmanual/
8. 梁治齐主编:《实用清洗技术手册(第二版)》,化学工业出版社,2005年。
9. 顾翼东主编:《化学词典》,上海辞书出版社,2003年。

第五章 拼接与加固

第一节 拼　　接

一、拼接的定义

拼接是指用粘结剂将古陶瓷器的碎片重新粘结在一起,恢复器物原本造型。修复人员有时必须一丝不苟地把几十块甚至上百块的碎片准确地拼接在一起,否则无法进行其下的修复操作。拼接不良会对器物造成损坏,因为拆分、清洗、再拼接等操作具有一定的危险,碎片茬口会有所损失,再拼接时更不易对准。

二、预拼

完成清洗的陶瓷器碎片在正式粘结之前必须要进行预拼(无需粘结剂),目的是确定最佳的碎片拼接顺序。拼接顺序非常重要:一是能保证所有碎片都能最终拼合起来,避免出现有的碎片无法"嵌入"到位的现象;二是正确的拼接顺序能够使碎片拼合得更加精确,尤其是对于碎片多、器型大的文物(如图1)。

预拼时,一般先将小片拼成大片,然后将若干大片拼接完成,顺序从底部逐渐拼到口部,或者从口部拼到底部,碎片数量多时可用透明胶带帮助固定。先拼接的部分往往误差最小,所以当遇到有纹饰图案的碎片或者醒目突出的碎片,预拼时也要优先考虑。碎片数量不多的器物可一次性拼接完成,这种方式产生的拼接误差最小。

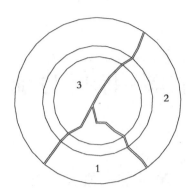

图 1　预先确定正确的粘结顺序

三、粘结原理

两个物体由于介于两者表面之间的另一种物质的粘附作用而牢固的结合起来，这种现象称为粘接，也叫做胶接。如图 2 所示，介于两物体表面间的物质称为粘结剂，而被粘结在一起的两物体称为被粘物。

粘结力是粘结剂与被粘物在界面上的作用力或结合力，包括机械嵌合力、分子间力和化学键力。当被粘结的陶瓷器受到外部压力的时候，胶结会遭到破坏，断裂的位置有以下三种可能（如图 2）：

① 当粘结层粘结力足够但自身强度不足的时候，断裂发生在粘结剂层。

② 当粘结层粘结力太强而且比器物更坚硬的时候，断裂发生在器物上。

③ 当粘结层强度足够但粘结力不足的时候，断裂发生在粘结剂与器物粘结界面。

由此可见，理想的粘结剂要具备足够的粘结力，可以将碎片粘在一起，并能抵抗一定的外力作用。但是，粘结层固化后的机械强度不可过大，这样断裂只会发生在原来的粘结面上，而不会断裂在器物上，造成新的损伤。

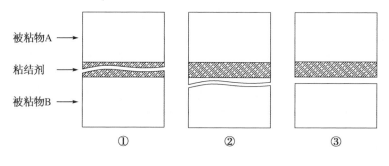

图 2　粘结断裂的三种情况

四、粘结剂的选择

选择合适的陶瓷修复用粘结剂应该考虑以下几方面的性能：

1. 粘结强度

粘结剂必须能够将碎片牢固地拼合在一起，但粘结剂不能过于坚硬，通常不能高于陶瓷材料的强度，当粘结层受力时，断裂不会发生在原器上，出现新的损伤。

2. 颜色和透明度

对于釉色淡或者透明的器物来说，理想的粘结剂是无色透明或水白色，并且不易变色。环氧树脂容易变黄，丙烯酸酯树脂的颜色比较持久。

3. 固化速度

粘结剂分为快速和非快速两种，前者如 502 胶几分钟就可以固化，而普通环氧树脂粘结剂需要一二十个小时。

4. 可逆性

通常要选择那些可以被移除而不伤害器物的粘结剂。热塑性树脂粘结剂如丙烯酸酯树脂、硝酸纤维素等可以用丙酮等有机溶剂清除，但是热固性树脂粘结剂，如环氧树脂无法用普通溶剂溶解，要用甲酸溶胀后机械方法清除。

5. 粘度

孔隙率高的陶瓷器要选用粘度较高的粘结剂，粘度低的粘结剂会迅速渗入碎片断面,无法实现很好的胶结,还会加深碎片边缘的颜色,污损器物表面。

6. 化学稳定性

即抗老化的性能。

此外,粘结剂的抗霉、抗虫、毒性、价格、有效期、便利性等方面都要综合考虑。

五、粘结剂的类型

1. 环氧树脂粘结剂

环氧树脂广泛使用于高温瓷器的粘结,它是由环氧树脂粘结剂与固化剂按比例调配而成,环氧树脂粘结剂本身是线形结构的热塑性高分子,每个分子结构内含有两个或两个以上的环氧基团,当与固化剂反应时,环氧基团的环状结构被打开,发生一系列的聚合反应,线形分子交联成长链网状分子,成为不溶不熔的热固性树脂。

优点:机械强度高(抗拉强度、抗弯强度、抗剪强度、抗冲强度),物化性能稳定,耐酸碱、较耐热、防水、防霉;固化过程无需高温,不产生过多热量或其他副产品,收缩率小,不会因为材料收缩而损伤文物;施工工艺灵活多样,能加入填料、添加剂、稀释剂等适应粘结、浇注等操作需要。**缺点**:为不溶不熔的热固性树脂,不具可逆性;在光照作用下,容易变色泛黄。

(1) AAA 超能胶(如图3):我国古陶瓷修复中常用的环氧树脂粘结剂产品。价格实惠,使用便利,而且是小包装的粘结剂产品,便于日常使用与保存。在白瓷板上混合环氧树脂粘结剂及其固化剂(厂家推荐比例约为1:1),然后用调刀将其涂在拼接面上,注意只要涂一面就可以了,这是为了避免胶水过厚而增大拼接的误差,多余的胶水用蘸有酒精的纸擦拭干净。用胶带内外固定拼好的碎片,

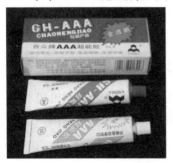

图3 AAA 超能胶

插入沙盘。环氧树脂的固化时间较长,因此用胶带固定后可以再微调,直到指甲能平滑地划过接缝处即可。

（2）Araldite 2020（如图4）:该产品为水白色、粘度低、折射率接近玻璃。为粘结剂和固化剂双组分,以10比3的比例混合(23℃),每100克粘结剂操作时间为45分钟,24小时后初步固化,完全固化大约72小时。需要时可适当

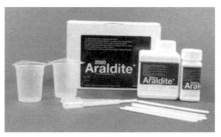

图4　Araldite 2020

加热,提高粘结剂的流动性并缩短其固化时间。主要用于高温瓷器或者玻璃器的粘接,可以先拼合固定碎片后滴入粘结剂,由于Araldite 2020的粘度很低,在毛细原理下粘结剂会深入缝隙。但是Araldite 2020不适合用于孔隙率高的陶器,因为大部分粘结剂会吸入胎体内部,而无法得到好的胶结层,且可逆性差。

2. α-氰基丙烯酸酯粘结剂

为无色透明的快速粘结剂。粘结剂固化时间快,操作方便。粘结不持久,一般几年内就会脱胶失效,且胶水粘结力有限、渗透性太好,不适合粘结自重大的陶瓷器或者孔隙率高的陶器。因此,α-氰基丙烯酸酯粘合剂主要用于紧急情况下的快速临时性粘结。或者,在使用环氧树脂等固化速度慢的粘结剂时,如果使用玻璃胶带固定位置很困难,就可以在局部使用氰基丙烯酸酯粘合剂,以辅助固定。

502胶（如图5）:化学名称叫α-氰基丙烯酸乙酯,属于瞬间粘结剂。市售商品是无色透明的稀薄液体,使用后等1—2分钟待溶剂挥发后即可,但粘结强度有限,通常一年内就自动脱胶。502胶应该储放在阴凉处或冰箱里,否则胶水在光照或者碱性环境下会迅速固化失效。使用前,先将碎片茬口上面的油污和灰尘清洗干净,然后利用胶带等手段固定好碎片,使茬口弥合完全,接着把502胶沿着接缝

图5　502胶

滴下来,使胶液流过整个接缝且渗入其中即可。

3. 丙烯酸酯树脂粘结剂

丙烯酸酯树脂是文物保护常用的热塑性树脂,由丙烯酸酯或甲基丙烯酸酯为主要原料合成的树脂,丙烯酸酯和甲基丙烯酸酯单体分别是由丙烯酸和甲基丙烯酸酯化而成。丙烯酸酯树脂无色透明,具有优良的光、热和化学稳定性。其中,聚甲基丙烯酸甲酯(即有机玻璃)的抗紫外能力最为突出。甲基丙烯酸甲酯常被用于丙烯酸酯等聚合物中,以改善材料的耐光老化的能力。

(1) Paraloid B-72(如图6):该材料是广泛使用在各类文物保护、修复领域中的专用粘结剂,是以甲基丙烯酸乙酯和丙烯酸甲酯的共聚物为主要成分的热塑性树脂。该产品为固体颗粒,需要溶解在丙酮等溶剂中使用,溶剂挥发后干燥固化。突出的优点有:一是具有可逆性,固化后可用溶剂溶解除去;二是能够长期保持原有的色泽,耐紫外线照射不易变黄。该产品的玻璃化温度为40℃,不适宜在气候炎热的地区使用。

(2) Paraloid B-44(如图6):为甲基丙烯酸酯的聚合物。固化后具备良好的硬度、透明度和粘结力。玻璃化温度60℃,适用于气候炎热的地区,但是渗透性不如Paraloid B-72。为获得较好的粘结效果,可先使用浓度低的Paraloid B-44或Paraloid B-72丙酮溶液润湿粘结面,然后再使用40%的Paraloid B-44丙酮溶液粘结。

配制Paraloid B-72或Paraloid B-44溶液时,为加快溶解速度,需使用磁力搅拌器帮助搅拌溶液(如图7),待树脂颗粒完全溶解于丙酮后,在瓶子上注明名称、浓度、日期。

图6 Paraloid B-72、B-44　　图7 使用磁力搅拌器配制Paraloid B-72丙酮溶液

第五章 拼接与加固

4. 聚醋酸乙烯酯粘结剂(PVAC)

PVAC 粘结剂分为两种：一种是溶剂型的粘结剂（例如：UHU Yellow 如图8），另一种是水溶的乳液型粘结剂（例如：Elmer's Glue 如图9）。溶剂型粘结剂是将 PVAC 固体溶解在丙酮或乙醇溶液中制成的，为无色透明的液体。固化后可用丙酮溶液或者丙酮和乙醇的混合溶液(9∶1)清除。乳液型粘结剂也叫做白胶，固化后几乎是无色透明的，适合考古出土的潮湿器物。但是 PVAC 只能用于临时性粘结，在高温潮湿条件下会发生脱胶。

PVAC 粘结强度有限，仅适合多孔的陶器，不能用于高温瓷器的粘结。在正式拼接前，要先用去离子水或蒸馏水湿润陶片的断面，然后仅在其中一面涂上乳液，用力压紧，最后用胶带等工具固定好。

图 8　UHU Yellow（溶剂型 PVAC）　　图 9　Elmer's Glue（乳剂型 PVAC）

5. 硝酸纤维素粘结剂

硝酸纤维素是最早用于文物保护的非天然的粘结剂之一，溶解在丙酮、乙醇的混合物中使用。老化后易变脆、变黄、收缩、释放酸性气体等，但是由于其使用方便、相对无毒、具可逆性、价格低廉等优点，许多专家还是习惯用来粘结低温软质陶器，或配合其他粘结剂使用。常见有美国的 HMG、Duco Cement，欧洲的 Imedio Banda Azul、Durofix、Universal cement。

HMG（如图10）：是使用较为广泛的一种商业产品，为硝酸纤维素与增塑剂和增粘剂的混合物，比纯硝化纤维素更耐热耐光老化。该材料为水白色，一段时间内不易变色。易溶于丙酮，溶剂挥发后即固化，也可用丙酮再度溶开。固化后粘结强度有限，适用于多孔陶器或者石膏的加固。

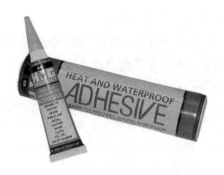

图 10　HMG（硝酸纤维素粘结剂）

表 1　常用陶瓷器修复粘结剂

适用范围	粘结剂类型	
烧结温度稍低的软质陶器或瓷器	硝酸纤维素粘结剂	Cellulose Nitrate Adhesive
	丙烯酸酯树脂粘结剂	Acrylic Resin Adhesive
	聚醋酸乙烯酯粘结剂	Poly（Vinyl Acetate）（简称PVAC）Adhesive
烧结温度较高的硬质陶器或瓷器	α-氰基丙烯酸酯粘结剂	Cyanoacrylate Adhesive
	环氧树脂粘结剂	Epoxy Resin Adhesive

六、拼接方法

拼接方法概括起来可分为两大类：

1. 先用胶带固定好碎片，然后将粘结剂滴入拼缝，完成粘结（如图11）。这类方法适于高温烧制的瓷器，而且要采用低粘度的粘结剂，例如：Araldite 2020。

冲线或者裂缝也用这种方法：器物清洗干净后，先用胶带将冲线或者裂缝紧紧拼合在一起，然后滴入粘度低的粘结剂如502或者Araldite 2020。对于起翘的裂缝，先要找出开始错位的那点，并拢的部分先用粘结剂滴入加固，然后再用胶带把起翘部分拼准固定，然后滴入粘结剂粘结。

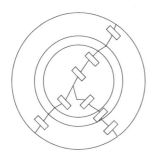

图 11　先固定后施胶的方式

2. 先涂上粘结剂如 AAA 超能胶,然后用胶带或热熔胶固定位置,等待固化(如图 12)。建议初学者可以按部就班,等前一片粘牢固化后,再拼接下一片,这种依次拼接的方法最大的缺点是:每一次拼接导致的细微误差在最后都将累计起来,可能在粘接最后一片时出现大的误差。所以,为了提高修复速度,并能随时调整每块碎片,熟练的修复者可以一次将所有碎片上胶,用胶带或热熔胶固定位置,在粘结剂未固化前及时调节碎片达到最理想的拼接。

图 12　先施胶后固定的方式

拼接那些很重的器物,或者壶柄、壶嘴等难以固定又需要一定粘结力的陶瓷器,可以选择在采用环氧树脂粘结剂的同时,辅助使用 502 等快速粘结剂定位。方法是在拼接面的中间涂上环氧树脂粘结剂,但留下零星部分不要涂胶,调整碎片到最佳时,用力压紧碎片,而后用 502 滴注在未涂胶的部分,帮助快速、准确定位。等环氧树脂粘结剂固化后,又能保证器物的拼接牢度。

七、固定方式

设计好合适的固定方式,避免器物在固化前发生位移,是实现理想粘结的重要环节,目前常用固定装置有如下几种:

1. 胶带

包括透明胶带和医用胶带。透明胶带主要用于表面光滑的器物,医用胶带适用于表面粗糙、粉化的陶器。胶带具有弹性,固定碎片时要用力绷紧,不可用在易剥落的镏金或低温釉彩上。粘结后1至2天内及时清除,如留下污迹可用丙酮、乙醇等溶剂清除。

2. 沙盘

固定好的碎片最后都要放入沙盘,避免移动。放入时,需要调整器物的摆放位置,避免粘结好的碎片因重力发生错位。沙盘中的沙粒要细腻,器物外最好垫上布,防止沙粒划伤、磨损陶瓷器表面(如图13)。

3. 热熔胶

使用专用热熔胶枪融化胶棒。操作时一人用两手固定碎片,另一人手持热熔胶枪,将融化的热熔胶液滴一颗一颗点在拼缝上,将碎片固定在一起(如图14)。待粘结剂固化后,将热熔胶颗粒剥除。

4. 夹子

可选用木夹,否则必须在接触点垫好橡胶,防止损伤器物。

5. 铁架台

与特殊设计的夹子配合使用来固定一些特殊造型的器物。

6. 其他

橡皮筋、松紧带、绑绳等。

值得强调的是,无论使用何种粘结剂,为了实现良好的粘结效果,一定要做到:

- 拼接断面要清洗干净。
- 粘结剂涂抹均匀,不宜过厚,胶体浸润拼接面。
- 涂胶后需用外力施压,直至固化。

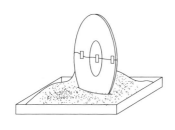
图13 沙盘固定

图14 热熔胶固定

第二节 加 固

一、加固的定义

加固即选用适合的加固剂对保存情况差、质地脆弱的古陶瓷器进行处理,增强其附着力和自身强度,目的是为了保持古陶瓷器外观的完整性,也为开展进一步的清洗、拼接、配补等修复工作做准备。加固的对象包括:结构酥软、表面风化的陶器,不断剥落、粉化的釉层和彩绘。此外,器物上的细小冲线裂纹、易损部位或修复过的部分,要运输搬动或要在露天展出的器物,为了防止任何损伤发生或加重,也需要进行预防性的加固。

加固材料注入器物后,想要定量地取出或者置换是几乎不可能的,使用加固剂将永久性地改变器物,所以只有当环境控制等措施无效时才能使用。加固剂的作用就是渗入陶瓷器材料的孔隙中,将脆弱的结构重新粘合在一起,选用固化剂时需主要考虑到以下几点:

(1)有较好的粘结力,在器物内部或表面形成支撑性的结构组织。

(2)具有理想的渗透力,尤其是具有适合操作的渗透速度。

(3)不会改变器物的外表,许多材料进入器物时会使原色加深或者使表面产生眩光。

二、加固剂的选择

加固剂通常为合成高分子化合物。有的加固剂属于热塑型材料,可加热融化或者溶解于液体溶剂(水或有机溶剂),待其冷却或溶剂挥发后完成加固,而且可以再次加热融化或者用溶剂溶解。另一种加固剂为热固型材料,通过分子之间的反应形成,可以直接使用,也可以溶解在有机溶剂中使用,但是聚合后形成的是不溶不熔的固体。用于文物保护与修复的通常是溶解于有机溶剂的热塑性树脂,例如:聚醋酸乙烯酯(PVAC)和丙烯酸酯树脂(Acrylic Resin)。

1. 渗透性

理想的加固剂必须有优良的渗透性,这与加固剂材料的分子大小、加固剂的稀释浓度以及加固剂的使用手法有关。首先,要选择低分子量的高分子材料,因为大分子聚合物软化或溶解后的液体非常粘稠,不易深入且均匀渗透。其次,用溶剂将加固剂稀释到合适浓度,有利于加固剂的渗透。将聚合物溶解在表面张力小的有机溶剂里会形成低粘度的液体,可以实现最好的渗透。最后,选择某些加固剂的使用方法,可以提高渗透的效果。例如:利用负压装置渗透加固剂、适当加热降低加固剂的粘度(必须要小心操作,因为有机溶剂易燃)等。将分子量低的树脂溶于有机溶剂稀释成浓度为5%—15%的溶液,可以达到较好的效果,特别是在负压下渗透。固化后,器物可以获得适中的内聚力和硬度,这类加固可以满足器物在博物馆或者库房内的保存需求。为了使加固剂能够更加均匀地渗透到器物内部,可以选择挥发速度稍慢的溶剂,或者将器物置于封闭容器内干燥,以减慢溶剂挥发的速度。

2. 外观颜色

理想的加固剂不可以改变陶瓷器表层的颜色与光泽。但实际上,许多加固剂会加深器表颜色并产生光亮,这在浅色或亚光表面的陶瓷器上,表现尤为突出。

加固剂形成光亮是因为其填补了不平整的器表,形成光滑的表层,产生更多镜面反射。此外,由于分子类型与结构的原因,某些树脂会比其他树脂更为"光亮"。要改善加固剂造成的光亮,只能对表面进行再处理。加固剂也常会导致陶瓷器颜色变深的问题,只有将其中加固剂重新溶解清除,才能消除加深的颜色。

此外,在固定陶瓷器的彩绘装饰的时候,彩绘颜料有可能与加固剂及其溶液发生反应,改变彩绘颜色,因此为确定合适的加固剂及其浓度,一定要事先在器物表面不明显的地方进行试验。

3. 可逆性

理论上,热塑性树脂具有可逆性,通过有机溶剂的浸泡可以清除。但是,接受加固的器物通常都是质地脆弱的器物,它们的保存状态显然不能承受这类溶剂的浸泡。所以加固的操作必须要谨慎,只有在环境控制等方式无效的情况下,才能采用。而且加固剂也要选择耐久性较好的材料,例如:Paraloid B-72 等丙烯酸酯树脂。

三、加固方式

使用加固剂的常用方法包括:刷涂法、喷涂法、滴注法、浸泡法、负压渗透法,要根据加固的对象、加固剂的特性、加固的目的来加以选择,通常利用毛细原理或者负压原理的加固方式,可确保加固剂更好地渗透到陶瓷器材料的深处:

1. 刷涂法

用合适的笔或刷子将加固剂反复涂刷在器物表面直到不再渗入为止,这种方法适合各种大小的器物而且比较容易操作。

2. 喷涂法

用喷枪或者喷笔将固化剂喷涂在器物表面,适合大面积加固,效率较高。但切勿使用过高的压力喷涂以免损伤器物,而且操作地点要安装通风设备。

3. 滴注法

用滴管或注射器将固化剂注入器物,适合那些非常脆弱的器物,而且可以精确地控制固化剂的使用量。

4. 浸泡法

主要利用毛细作用将加固剂渗透到器物内。器物可以多次以不同的位置,局部浸泡在固化剂液体中,也可以逐步提高加固剂的水平高度,将固化剂渗透到全器。如果立刻全部浸没器物,会有空气留在陶瓷器的孔隙中,阻碍加固剂的渗透。所以局部浸泡有利于减少残留空气对于加固剂渗透的阻力。

5. 负压渗透法(如图15)

将器物浸泡在加固剂内,放置在密闭容器内,适当抽出容器内的空气,令更多的加固剂进入器物内部。或者先将器物放在密闭容器内,适当抽出空气,然后利用外部滴管,逐步往器物注入加固剂溶液,可以避免空气残留在器物的孔隙内。使用这种方法,固化剂渗入的程度最大,但是可能会导致陶瓷器分解,所以不适合用在非常脆弱的器物上。

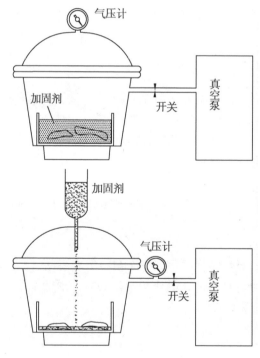

图15　负压渗透法的装置

四、常用加固剂

1. Paraloid B-72

Paraloid B-72 为甲基丙烯酸乙酯和丙烯酸甲酯的共聚物,具有优良的可逆性和抗紫外老化性能。该产品为透明固体颗粒,用丙酮等溶剂溶解后使用。Paraloid B-72 溶液用于加固干燥的陶瓷器,稀释成低浓度(5%—15%)溶液后使用,且需选择挥发速度稍慢的溶剂,有利于 Paraloid B-72 渗入器表,避免加固剂聚集表层形成光亮。

2. 聚醋酸乙烯酯（PVAC）

聚醋酸乙烯酯/聚乙酸乙烯酯(PVAC)是醋酸乙烯酯聚合而成的无色透明固体,为文物保护中常用的热塑性树脂,可作为粘结剂、加固剂、封护涂料,普遍用于各种非金属文物,例如:骨、牙、壳、角、齿、石、木、纸、皮革、织物、陶瓷、植物标本等。其特点如下:光稳定性好,颜色不易变黄;保持可逆性,日久虽然会发生交联和氧化,但仍能用有机溶剂溶解;玻璃化温度接近室温,易受热变粘,粘附灰尘或发生"冷流"即器物在自重作用下胶结层逐渐发生偏离的情况。PVAC 分为溶剂型和乳胶型两类:

溶剂型:市场销售的 PVAC 为粉末状晶体,需溶于有机溶液后使用。文物保护中经常使用粘度为 7、15、25 的 PVAC 产品,粘度越大,分子量越大。粘度 7 的 PVAC 用于密度稍大的材料,例如:骨头和象牙,粘度 15 的 PVAC 使用最普遍,粘度 25 的 PVAC 用作粘结剂。作为加固剂,通常采用低浓度的 5%—15% 的丙酮或乙醇溶液。浓度过高时,溶液不易渗透,干燥后聚集表面产生光亮,或者 PVAC 产生收缩导致文物变形或表层剥落。此外,PVAC 的乙醇溶液比丙酮溶液挥发速度稍慢,因此具有更好的渗透性。

乳液型:PVAC 乳液呈乳白色粘稠液体,固体含量大多为 50%,俗称乳胶、白胶。PVAC 乳液清洁、无毒、无刺激、使用便利、价格低廉,固化后可用热水软化或有机溶剂溶解清除。PVAC 乳液比 PVAC 有机溶液使用更普遍,尤其适合考古出土的潮湿器物,例如:加固潮湿状态下脆弱的陶器彩绘层或泥釉层。作为加固剂,建议使用低浓度的水溶液,PVAC乳液与水的比例为1∶3或者1∶4,或者使用水和乙醇(1∶1比例)作为溶剂。如果需要加固干燥陶器,则需用水湿润器物后方能施用。

在国际范围,1980年代中期前,PVAC在文物保护中还得到普遍使用,而1980年代末至今,人们更习惯采用Paraloid B-72。不过因为PVAC的诸多优点,它仍然用于考古出土文物的临时性加固或粘结,帮助在发掘现场加固脆弱文物,随后转移到实验室内进行深度保护或修复。需要时PVAC还可以用丙酮溶液清除。

参考文献

1. J. M. Cronyn, Elements of Archaeological Conservation, Londan, New York: Routledge, 1990.
2. Science for Conservators: Adhesives and Coatings, London, New York: Conservation Unit of the Museums & Galleries Commission in Conjunction with Routledge, 1992.
3. M. C. Berducou, La conservation en archéologie, méthodes et pratiques de la conservation-restauration des vestiges archéologiques, Paris:Masson, 1990.
4. Donny L. Hamilton, Methods of Conserving Underwater Archaeological Material Culture, Nautical Archaeology Program, Texas A&M University, 1999. http://nautarch.tamu.edu/crl/conservationmanual/
5. Susan Buys, Victoria Oakley, The Conservation and Restoration of Ceramics, Oxford:Butterworth-Heinemann, 1999.
6. Gerald W. R. Ward, The Grove Encyclopedia of Materials and Techniques in Art, New York: Oxford University Press, 2008.

第六章 配 补

第一节 配补的定义

修复中时常遇到器物部分缺失的情况,这时采用石膏等材料对器物进行补缺,就称作配补。理想的配补要求后补部分的大小、厚薄、纹饰甚至胎质都尽可能接近原物,其目的一方面是为了复原器物造型,恢复文物原貌,另一方面是为了使器物结构牢固、稳定,避免缺失部分聚集灰尘、水汽从而影响外观。陶瓷器配补大约可分为以下三大类:

一、填补

针对面积较小的缺失,如坑、缝、豁口等,直接浇注粘结剂或填入腻子配补。由于缺失部分小而且简单,一般不需要印模材料。

二、模补

利用印模材料来复制缺失部分的方法,主要针对面积较大、造型复杂的缺失。运用在盘、碗、瓶、罐、壶等对称的器物。模补的一般流程是:

1. 准备原型

原型也叫做母型,用粘土或油泥制作出缺失部分的形状,也可利用与缺失部分形貌一致的陶瓷器部位为原型。

2. 制作模具

在原型上浇注印模材料,固化后就形成了模具。印模材料有软硬之分,软性材料(如硅橡胶)固化后有柔性和弹性,可以一次性浇注后,直接从原型上取下。硬性材料(如石膏)对形状简单、具脱模斜度的原型,可采取一次性浇注。如果遇到有"倒角"的原型,则不能采用单件模,而要分别浇注二件模具或者多件模具,否则固化的印模材料会倒勾住原型的"倒角"部分,无法顺利脱膜。

3. 制作塑件

将填补材料注入模具内腔,固化后形成的塑件,即为翻制出的缺失部分。

三、塑补

直接用手或工具,将填补材料加工制作成缺失部分,例如:人物雕塑等。塑补比模补、填补的难度都大。

第二节 配补材料

一、填补材料

填补材料指替代缺失部分所用的材料,理想的填补材料需要有以下几个特点:
- 填补材料可以塑形、浇注,从而加工成所需形状。
- 使用方便安全,在室温下易于固化,且固化时间不长。
- 填补材料固化后的机械强度和原器物相当,但同时便于打磨、切割。
- 固化后收缩不大,热膨胀系数与原器物相当,而且不污染器物。
- 填补材料应该和上色层具有较好的接合力。
- 可以加入填料、颜料等以接近器物的颜色。

1. 石膏

(1) 石膏的类型

自然界存在有天然的无水石膏($CaSO_4$)和二水石膏($CaSO_4 \cdot 2H_2O$)。天然二水石膏又称作生石膏、软石膏或简称石膏。天然无水石膏比二水石膏致密,质地较硬,又称硬石膏。市场上出售的石膏是由天然二水石膏经加热脱水生成的半水石膏($CaSO_4 \cdot 1/2H_2O$),又称作熟石膏。天然二水石膏在加工时随温度和压力等条件的不同,会得到两种不同的石膏:α型半水石膏(高强石膏),β型半水石膏(建筑石膏)。

石膏的优点是:密度、强度和热膨胀系数与大多数陶器接近,适合用作陶器的填补材料;石膏凝结硬化时体积略微膨胀(约1%),石膏制品表面光滑细腻,形状精确饱满,干燥时不开裂;固化速度快,固化后容易打磨、切割,便于修整;价格便宜、操作简单;可以添加白胶水、白石灰以增大固化后的强度;其缺点是:石膏不适合填补、塑补非常细小的裂缝或缺失;石膏不透明、无光泽,也不适合充当瓷器的配补材料;运输和储存中要防止受潮,一般储存3个月后,其强度会降低;石膏晶体可能会被吸入多孔的陶胎当中,造成一定损害。

(2) 水化与凝结硬化

半水石膏与水拌合后,即与水发生化学反应(简称为水化),反应式如下:

$$CaSO_4 \cdot 1/2H_2O + 3/2 \ H_2O \rightarrow CaSO_4 \cdot 2H_2O$$

半水石膏加水先溶于水,然后与水结合成二水石膏,由于二水石膏的溶解度比半水石膏小很多,所以二水石膏胶体颗粒不断地从过饱和溶液(即石膏浆体)中沉淀析出。随着石膏浆体中的自由水分不断减少,胶体颗粒间的搭接、粘结逐步增强,浆体逐渐变稠、变干而失去可塑性,这个过程称为**凝结**。随着水化的进一步进行,胶体凝聚并逐步转化为晶体,且晶体间彼此紧密结合,使浆体完全失去可塑性,不断增加强度,这个过程称为**硬化**。

(3) 石膏浆的调制(如图1)

先在橡皮碗内注入适量清水,将半水石膏均匀撒入水中,直到水刚好淹没石膏。静置1—3分钟,让半水石膏充分被水浸润后,用不锈钢调刀搅拌,待石膏浆体达到一定的粘稠度后,就可以使用(如图1)。用力或长时间搅拌可以缩短凝固时间,但过度搅拌也会损害石膏的机械强度,而且会导致干燥收缩。减少用水量或使用洁净的温水可以加快半水石膏的水化速度,新生产的半水石膏的水化速度也相对较快。虽然石膏没有粘性,但是陶器碎片相对粗糙,使配补的石膏能够较牢固地与原器物咬合在一起。如石膏无法牢固咬合,必须要将配补石膏拆下,涂上粘结剂与原器物粘合。

图 1　石膏的调制过程

2. 腻子粉

图 2　欧洲生产的腻子粉

腻子粉原是用于填补墙面凹陷的产品(如图2)。文物修复只能采用水性纤维素腻子粉,它是以白色碳酸钙为主要填料,纤维素为粘结剂。在腻子粉中掺入适量清水,调成糊状后即可使用,用来填补陶瓷器的细小缝隙或缺口。其优点是干燥速度快,固化后比石膏硬度稍高,可以打磨修整。腻子粉作为填补材料,适合用于质地较软的考古出土陶器,但无法用于烧结温度高的硬质陶瓷器。

3. 环氧树脂

环氧树脂主要充当高温瓷器的填补材料,通常还要添加适当的填料,来改变粘结剂的某些特性,例如:添加气相二氧化硅获得高透明度和玻璃质感;或添加滑石粉,增加粘(稠)度便于施工,降低固化后的硬度,方便打磨。环氧树脂固化后坚硬持久,可用手术刀切割或用砂皮打磨。其缺点是固化时间长、施工较慢,不适宜大面积缺失部分的配补。而且相对于石膏,打磨、修整工作更加困难。修复脆弱陶器时,不可使用无填料的环氧树脂粘结剂填补。因为环氧树脂的线性热膨胀系数远远大于陶器,当环境温度升高或者器物受热时,环氧树脂的体积会增大而胀破器物(见表1)。

环氧树脂腻子或俗称"面团"的制备法:在制备好的环氧树脂粘结剂里逐步加入填料(通常以滑石粉为填料),用调刀不断搅拌,直到制成橡皮泥一般的环氧树脂腻子。由于环氧树脂腻子流动性低,比较适合塑补的方式,固化后腻子呈现半透明的水白色,其硬度比纯环氧树脂低,便于整形加工。

表1 若干材料的线性热膨胀系数

材料名称	线性热膨胀系数 ($\times 10^{-5}$/℃)	材料名称	线性热膨胀系数 ($\times 10^{-5}$/℃)
陶	0.45	砂石	0.7—1.2
木(沿纤维方向)	0.49—5.4	石灰石	0.9
木(纤维断面方向)	3.4—5.4	大理石	1.2
玻璃	0.5—1.0	环氧树脂	6—7

4. 聚酯树脂(Polyester Resin)

指不饱和聚酯树脂,具有粘度低,工艺性好,常温固化,固化速度较快,固化时不产生副产物,使用方便,胶层硬度大、耐磨、耐酸、耐碱性好,具有一定强度,价格低廉等优点(如图3)。缺点是固化时收缩率大,有脆性,抗冲击性差,耐湿热老化性差。不饱和聚酯树脂可以作为粘结剂和填补材料使用,但在陶瓷器修复中应用较少,更多运用在玻璃文物修复上。

聚酯树脂产品通常由树脂和引发剂组成,有低粘度液体产品,也有较厚的触变胶体。聚酯树脂也有含填料的膏状产品,主要用于填补。这些产品最大的优点是固化速度快,几分钟内即可固化,而且混合后可以用丙酮润滑,完全固化后很容易用手术刀修整。

国内的云石胶也是基于不饱和聚酯树脂的填补材料。聚酯树脂持续光照下会从无色透明变黄色,耐湿性逐渐变差,树脂逐步交联变得不可溶。但可以采用合适溶剂,通过溶胀来解除。

图3　国内外聚酯树脂产品

二、印模材料

1. 齿科红蜡片

齿科红蜡片为红色蜡质薄片(如图4)。该材料容易裁切、使用便利,用吹风机或热水加热,软化后使用,适合碗、盘口沿缺失的简单翻模,但无法印出陶瓷器表面的细节部分。一般操作流程如下所示:① 将红蜡片加热贴在器物完好部分取样;② 将冷却定型的红蜡片移到缺损处,贴紧并固定位置;③将石膏浆体浇注到红蜡片中,直至与器表齐平;④待石膏固化后,除去红蜡片,进行精细打磨与粘结(如图5)。

图4　齿科红蜡片

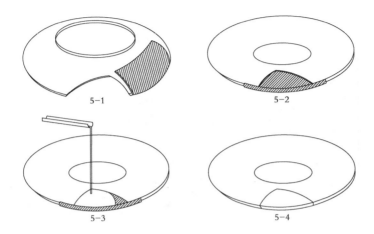

图 5 红蜡片的使用方法

但也可以采用图 6 的方式:先加热蜡片,使其变软后,包住完好部分的器壁取样,待冷却后移到补缺处,将蜡片前后完全紧贴缺口,最后用针筒将石膏浆体注入内腔。石膏固化后取下红蜡片,对浇注的石膏稍加修整即可。

图 6 使用红蜡片配补

2. 齿科打样膏

齿科打样膏主要成分是萜二烯树脂,辅以填料、润滑剂、颜料等组成,也叫印模膏(如图 7)。具有热软冷硬的特点,70℃左右变软,如温度过高,材料粘度太大,不利于操作,温度过低,流动性差,会影响印模的精度。而且,该材料热传导性能差,需受热一段时间后方能应用。打样膏可以反复使用,但时间过久,材料趋于硬化则无法使用。必须注意的是,打样膏延展性不佳,无法印出器表的细节。而且容易与石膏、环氧树脂等填补材料粘连,所以必须使用脱模剂。以瓷碗口沿的配补为例,具体操作步骤如下:

将打样膏放入热水,待其泡软后压在碗的完好部分,这样打样膏上就可以留下与所缺部分造型一样的印痕。待打样膏冷却变硬、不再变形后取下打样膏,在上面涂脱模剂(如肥皂水、凡士林等),贴到残缺部分,轻轻用手按平,或者使用胶带等固定,使其不再移动。然后将调好的石膏浆体慢慢倒入到口沿缺口处,直到所缺处全部填满。

图7　齿科红白打样膏

3. 橡皮泥

橡皮泥具有可塑性,随温度升高而变软,可以加工成片状,以红蜡片或打样膏的方式进行模补(如图8)。也可用手或工具塑成所需形状,然后在其上浇注填充材料(如图9)。

图8　欧洲生产的橡皮泥　　　　图9　用橡皮泥配补

以修复瓷壶嘴为例：将壶嘴清洗之后，将少量橡皮泥用手搓成团塞入壶嘴，在搓揉的过程中橡皮泥会由于手温而变软。将壶嘴用橡皮泥塞实后，依照壶嘴内壁的形状，用工具或手将油泥塑成合适的形状，并将表面修饰光滑，除去粘结在断面上的多余油泥，洒上少量滑石粉作为脱模剂，最后使用环氧树脂腻子作为填充材料，因其强度适合瓷器，且不会随意流淌，便于操作（如图10）。

图10　使用橡皮泥配补（图源见本章参考文献3）

4. 乳胶

Latex 乳胶是一种预硫化乳胶，使用前为乳白色粘稠液体，常温下固化形成半透明的奶黄色橡胶层，乳胶固化后柔软有弹性，在任何复杂原型上，都能轻易脱模，能复制出很精确的细节。乳胶10分钟内可以初步干燥，2—3 小时内可以从原型上取下，最好是放置12 小时后待其硬化后再取下。乳胶适合高温瓷器，也能用于粗糙的陶器，不会沾污器表，尤其适合用于造型复杂的缺失位置，例如：人物、花卉类的瓷雕制品。

一般操作流程是：准备好原型后，将乳胶用笔均匀涂刷在原型上，不可遗漏任何地方，并且要尽量将气泡赶出来。乳胶需要重复涂刷多次，等前一层干燥后再涂刷下一层，直到达到足够厚度。乳胶模具干燥后很软，在其中灌入填充材料后，模具会因重量而产生变形，因此需要一定支撑。一般可以在涂刷最后一次时，粘敷上纱布条，令其完全浸润在乳胶内，帮助固定。或者从原型上取下软模前，用石膏等再浇制成一层硬模，作为乳胶软模的支撑。

乳胶中可以掺入填料后使用，但是第一层必须要用纯乳胶液。如果条件许可，施用乳胶可采用浸渍法，这比涂刷法效果更好，这会使表面充分被胶体覆盖，也避免涂刷过程中搅动胶层。脱模的时候，胶层外可以撒一些滑石粉，避免卷起时彼此粘连。此外，要注意乳胶可能会对镏金装饰造成损害，使用前需进行试验。乳胶适合浇注环氧树脂粘结剂，不适合聚酯树脂。乳胶也常涂在陶器表面，防止修复材料沾染器物。

5. 硅橡胶

硅橡胶分为室温硫化硅橡胶(RTV)和高温硫化硅橡胶(HTV)两种，通常采用室温硫化硅橡胶，需混合催化剂后固化而成。该材料具有良好的柔性和弹性。对于结构复杂、花纹精细、无拔模斜度或具有倒拔模斜度以及具有深凹槽的塑件来说，制件浇注完成后均可直接取出。硅橡胶用薄刀片就可轻易切开，且切面非常贴合，因此可先不分上、下模，整体浇注出软模后，再沿预定分模面将其切开，取出原型，得到上、下两个软模。硅橡胶模具可以用环氧树脂、聚酯树脂等粘结剂浇注，容易脱模，无需使用脱模剂。但要注意硅橡胶不适合用于表面多孔粗糙的陶器，其所含油类物质会被陶器吸附，污染器表。

硅橡胶使用流程如下：准备原型，表面清洁干净 → 固定放置原型、模框 → 将硅橡胶混合体浇注在原型上 → 硅橡胶固化后，取出原型（必要时切开硅橡胶），即得硅橡胶模 → 如发现具有少数缺陷，可用新调配的硅橡胶修补。

硅橡胶可添加滑石粉等填料，减少其流动性，制成类似橡皮泥的硅胶团，市场上也有商业产品出售。硅胶团固化后具有弹性，可以翻制出复杂的器表造型，包括略有倒勾的部分。由于硅橡胶不会与填补材料粘连，固化后的填补材料可以顺利脱模，不需要使用脱模剂。

第三节 翻模复制技术

一、材料工具的准备

1. 填补材料

（1）石膏 （2）环氧树脂（或环氧树脂"面团"）

石膏适用于质地疏松的陶器，例如：史前陶器、汉砖、唐三彩等低温烧制陶器或釉陶。环氧树脂用于胎体质密，吸水率小的高温瓷器，如：青花瓷、五彩瓷、粉彩等。石膏本身不具有粘结力，常需要取下后用粘结剂与原器拼接。

2. 印模材料

（1）硅橡胶（或硅橡胶＋滑石粉）（2）乳胶（Latex）（3）石膏（4）齿科红蜡片（5）齿科打样膏（6）橡皮泥

陶瓷器翻模时，建议使用软性材料，例如：硅橡胶或乳胶。这类材料容易脱模，即便需要切开脱模，切口也很整齐，不会破坏模具内腔。在脱模允许的条件下，可以浇注模具最后一层时使用填料、纱布等帮助定型，或者在模具外浇注一层石膏、热熔胶等硬质外模。

3. 其他材料

细沙、滑石粉、木屑、纱布、玻璃纤维等。

二、翻模的工艺流程

1. 准备原型

原型也叫做母型，用粘土或油泥塑成缺失部分的造型。也可利用与缺失部分形貌一样的陶瓷器部位。

2. 制作模框

根据原型大小用粘土、纸板、木板、玻璃板甚至积木制成模框，用模框将原型围在一个平台上,用泥料或热熔胶将缝隙封住,避免印模材料液体漏出模框(如图11)。如果印模材料为膏泥状,不流淌,就无需制作模框。

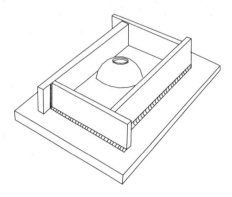

图11 制作模框

3. 浇注模具

根据原型形状及脱模方式,模具分为单块、两块或多块,通常采用单件和两件模。石膏是最常用的模具材料,有操作时间短、价格便宜、取样精准等优点,但对有"倒角"的原型需划分模线,分多块模具浇注。

为保护原型、方便操作,古陶瓷翻模或复制越来越多采用硅橡胶、乳胶等柔软有弹性的印模材料。这些材料固化后不会粘连到原型,不用肥皂水等脱模剂就能轻易脱模,但有时需在软模具外部再浇注石膏外模,帮助固定。模具可以分为几类:

(1)开放模:利用齿科红蜡片、齿科打样膏、橡皮泥等来取样,然后贴在缺失部分处,浇注填补材料。但是材料不同,翻制复制品的精细程度不一样(如图12)。

(2)单块模:利用乳胶、硅橡胶等软性或半软性模型材料,仅用单块模具就可以取样完成。适用于小型、简单或者造型较扁平的部分,但是仍然需要在"倒角"处填入橡皮泥,方便脱模。软性模具外部常需要石膏等硬性材料支撑固定,确保不会在浇注过程中产生变形(如图13)。

图 12　开放模

图 13　单块模

（硅橡胶内模，石膏外模）

（3）**两块模**：对于比较复杂的造型，无法用单块模具，就需要分两次浇注印模材料，最后形成两块模具，浇注印模材料时，要利用泥油填补"倒角"，并且要有定位点和浇注口。两块模之间的分模线很重要，决定了是否能顺利脱模。分模线划定的原则就是设置在形体的最高点或形体转折部位，由于模型的结构和形状各异，分模线不一定为直线。

4. 翻制模型

将准备好的石膏浆或者环氧树脂粘结剂等填补材料注入模具内部，凝固后打开模具，即获得复制的缺失部分。

三、翻模实例

1. 硅橡胶翻模（两块模）

以此瓷器器盖为原型，翻模制作出石膏复制品。具体操作如下：

将器盖的"倒钩"部分填入橡皮泥,例如:器盖上的穿孔等,使硅橡胶固化后可以顺利脱模。然后将器盖半埋入橡皮泥中,用硬板纸制作圆形围栏,缓慢注入硅橡胶液体,避免产生气泡。凝固后即为一半模子,然后将器物翻转过来,取出底部粘土,露出另一半的器盖,按同样方式浇注出另一半的硅橡胶模。从硅橡胶中取出原型器盖,必要时需用手术刀切开。最后,将两半硅橡胶模合在一起,用皮筋绑紧,在模子顶端穿两个细孔,使用注射器将石膏浆体灌入模腔内部。待石膏固化后,取出复制器盖,用手术刀和砂纸修整(如图14)。

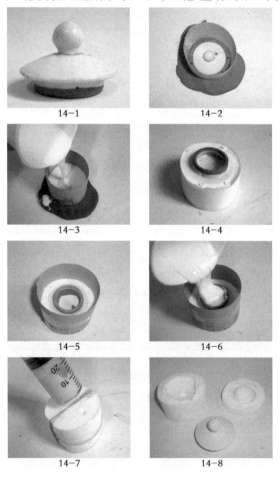

图14 硅橡胶翻模(两块模)实例

2. 乳胶翻模

准备好相似的器物作为原型,用笔均匀地将乳胶涂刷在原型上,不可遗漏任何地方,尽量将气泡赶出。重复涂刷乳胶4—5次,等前一层干燥后再涂刷下一层,吹风机可以帮助加快干燥速度。涂刷最后一次时,在乳胶内掺入木屑等,静置12小时后取下模型。在乳胶模具内撒入少量滑石粉,缓慢倒入准备好的环氧树脂粘结剂,24小时固化后取出,将环氧树脂复制件进行修整和打磨后,再进行粘结,最后完成上色。

3. 硅橡胶-石膏翻制(两块模)

准备好瓷盖作为原型,先用积木搭建适当大小的模框,底部铺上一层橡皮泥,然后将瓷盖插入橡皮泥中固定,并在上面戳若干定位孔。随后,刷上硅橡胶层,待固化后再浇注上石膏。等石膏凝固后,将原型倒转过来,用相同方式浇注另外一半硅橡胶层和石膏,但要留出浇注口。等模具固化后取出原型,从浇注口灌入填补材料,固化后即获得瓷盖的复制件(如图15)。

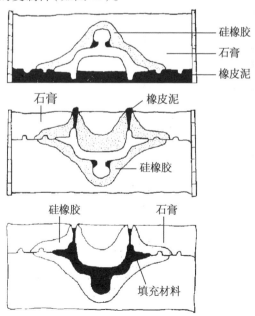

图15 硅橡胶-石膏翻模实例(图源见本章参考文献6)

4. 硅橡胶翻模(单块模)

实例一:以复制此瓷瓶的狮形耳为例,首先用橡皮泥堵住瓶耳中的镂空部分,将橡皮泥制成长方形模框,在其中注入室温硫化硅橡胶。待其固化后移走橡皮泥,用手术刀适当切开硅橡胶,从器物上取下,在模腔内浇注石膏。最后,将固化后的复制品取出,再经进一步的修整与打磨(如图16)。

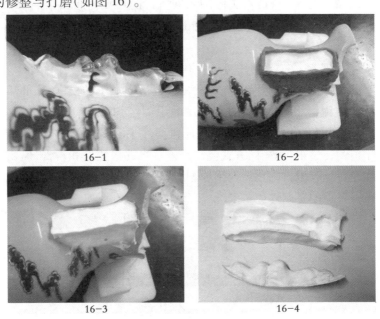

图16 硅橡胶翻模(单块模)

实例二:该盘口壶缺一耳,以完好的器耳为原型进行复制。方法是:取适量室温硫化硅橡胶,添加滑石粉,搅拌成硅橡胶面团。器耳的镂空处用橡皮泥封住,然后将面团贴压到器耳上,待硅橡胶固化后,即制成硅橡胶模。然后在模子中浇入石膏,脱模后用刀具或砂纸修整即可(如图17)。

5. 沙堆放样法

以配补一件瓷碗为例,大致介绍该方法的操作步骤:

首先,用铅笔在纸上沿器物口沿绘出一段弧线。用作图方法求出这一段圆弧的圆心,即在圆弧上任取两段割线,分别绘制出这两段

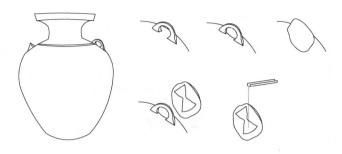

图 17　硅橡胶(含滑石粉)翻模

割线的垂直平分线,两条垂直平分线的交点就是圆心,从而绘制出瓷碗口沿大小一致的圆圈。然后,将湿润细沙堆在纸上的圆圈内,瓷碗倒扣在沙堆上,令器物口沿贴紧纸上所绘圆圈并转动一周,经过挤压的沙堆形成器物完整的内部造型。除去圆圈外的多余细砂,沙模的制作就完成了。最后,将石膏浇在露出的沙模上面,待石膏固化后,进行打磨修整(如图18)。

图 18　沙堆放样法

这种方法适合残缺面积较大的器物,一次性浇注石膏,速度快。但是沙堆只能复制出器物内部的造型,但无法复制外部造型。如果对外部的塑形有一定困难,可以考虑采用以下的装置辅助:将沙堆摆放在转盘的正中央,并按照上述方法浇注石膏,将硬卡纸或塑料板裁成器物的外壁弧度,固定在铁架台上,然后乘石膏湿软未干前,转动下方转盘,利用硬卡纸在湿石膏上多次截割,刮去多余的石膏,如出现空穴或空位,可以将刮下的湿石膏填上,并继续转动直到获得正确的形状(如图19)。

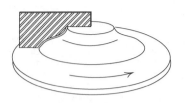

图 19　旋转截割多余石膏

第四节　塑补技术

塑补适用于两种情况：1. 缺乏翻模取样的原型。例如，人物塑像等非对称的陶瓷器就很难利用原器作为翻模母型。2. 原器表面脆弱无法承受翻模取样。例如，表面粗糙、质地疏松的陶器接触蜡片、硅橡胶等印模材料，会造成表面污斑；具有易碎易断的"倒角"的器物，即使采用软性印模材料，设计好分模线，在脱模时仍旧具有钩伤原器的危险。

一、准备工作

塑补开展之前，必须要收集准确充足的资料，例如：同类器的照片或实物，不能对文物造型进行随意改动或者臆造。在过去，塑补常会先在原器上安装支架，然后在支架上塑补缺失部分，这种方式是为了加强补缺部分的强度，但是需要在原器上打孔，具有破坏性，应该要避免。

二、材料与方式

陶瓷器塑补可以采用两种方式：第一种，在器物上使用环氧树脂"面团"雕塑出所需造型，等待固化后进一步打磨修整，这种方法必须在器物上进行操作,具有一定的危险性;另一种,先加工制作出缺失部分,随后利用粘结剂与原器拼接。虽然需要分两个步骤完成,但是雕塑修整的时间很充足,也避免修复材料沾染器表,或操作不慎而损伤器物胎釉。

塑补材料主要为环氧树脂"面团",例如,环氧树脂粘结剂与滑石粉等体质填料的混合物。为了达到所需的质感和颜色,可在其中添加适合的其他填料或者粉状颜料(见表2)。

表2 配补常用填料

填料名称		性质
气相二氧化硅(Fumed Silica)	SiO_2	透明,打磨后表层平滑光亮。
沉淀二氧化硅	SiO_2	同上,较不透明
大理石粉	$CaCO_3$	略有颗粒状质地,通常为乳白色、不透明
石英粉	SiO_2	同上,比大理石粉稍白
滑石粉	$Mg_3Si_4O_{10}(OH)_2$	半透明,白色或灰白色,质地最软,最容易塑形和打磨
高岭土	$Al_2O_3 \cdot 2SiO_2 \cdot 2H_2O$	不透明、稍白、质地较软

三、塑补实例(环氧树脂粘结剂 + 滑石粉)

该双系白釉陶瓶有龙形双系,拼接后仅留有一系,另一系丢失。配补采用环氧树脂粘结剂与滑石粉混合制成"面团"状,等环氧树脂稍微变硬之后进行塑形,操作时双手洒上滑石粉防止粘手,然后将环氧树脂"面团"依照左系的弯度、尺寸,制作出右系的主干部分拼接在所缺位,适当调整后将器物平躺摆放,塑补部分用橡胶片水平垫高,防止环氧树脂在固化前因为重力发生变形,环氧树脂和橡胶片之间也要洒上一些滑石粉避免粘连。等待环氧树脂固化后,在主干基础上进行装饰,最后再加以打磨和修整。

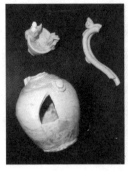  

图 20　塑补实例（环氧树脂 + 滑石粉）

参考文献

1. M. C. Berducou, La conservation en archéologie, méthodes et pratiques de la conservation-restauration des vestiges archéologiques, Paris:Masson, 1990.
2. Restoring a 17th century Stoneware Mug
   http://www.vam.ac.uk/res_cons/conservation/conservation_case_studies/ceramics_case_study1/index.html
3. Judith Miller, Restaurez vos meubles et objets anciens, Paris: Sélection du Reader's Digest, 2006.
4. Lesley Acton, Paul McAuley, Repairing Pottery and Porcelain: A Practical Guide (Second Edition), USA:the Lyons Press, 2003.
5. Nicole Blondel, Céramique - vocabulaire technique, Paris: Monum, Ed. du patrimoine, 2001.
6. Susan Buys, Victoria Oakley, The Conservation and Restoration of Ceramics, Oxford: Butterworth-Heinemann, 1999.
7. 江湘芸等:《产品模型制作》,北京理工大学出版社,2005 年。
8. 周雄辉、彭颖红等编:《现代模具设计制造理论与技术》,上海交通大学出版社,2000 年。
9. 虞福荣编著:《橡胶模具设计制造与使用(修订版)》,机械工业出版社,2004 年。

第七章 上色(一)

第一节 上　　色

上色是指对修复部分进行着色处理,令其色泽、纹饰与器物的原部位一致,从而达到修饰、淡化修复痕迹的目的。

古陶瓷的保护修复操作有两个目的:一是为了稳定文物状态、延缓败坏加重;二是为了恢复文物原貌,便于欣赏和理解。"上色"操作属于后者,被视为狭义的"修复"(restoration)。"上色"要恢复昔日的文物原貌,原则上只能局限在缺失处,而不能遮盖器物的原材料,主要为器物的陈列展出、摄影出版而服务(如图1)。

过去古陶瓷修复更多追求"天衣无缝"的效果,但随着保护理念的更新,西方博物馆界已经普遍接受"六英寸,六英尺"的修复原则,即修复痕迹在六英寸远可见,而六英尺远就看不见。也就是说,修复效果要达到恰当的中间程度,修复痕迹不能显而易见,被观众清楚发现,但也要与原器有所差异,让训练有素的眼睛识别区分。

图1　上色

第二节 工作环境

一、光线照明

古陶瓷修复的各项步骤都需要明亮的光线才能顺利进行,所以修复室最好设在有充足日光的房间,光线不足时也可用接近日光的人工光源辅助照明。给器物上色时,为避免修复部分产生颜色偏差,光照要求非常严格。一般来说,修复时的光照应该同器物在展览时的光照一致,如果博物馆使用自然光展览器物,那么陶瓷器的上色工作就应尽量安排在光线好的白天,避免在黄昏的阳光下操作,也不要在荧光灯或者白炽灯等人工光源下进行。

二、通风设备

修复室内要保持整洁,防止灰尘杂质飘散,玷污修复器物,修复室需要安装通风橱(如图2),操作台上需要安装抽风口。喷绘和清洗等操作会使用挥发性有毒材料、试剂,修复人员也要佩戴口罩、手套等防护装备。

图2 通风橱

第三节 上色材料

上色所用的材料主要包括三大类：粘结剂(上色介质)、颜料(着色剂)、稀释剂(溶剂)。颜料形成与器物吻合的色彩；粘结剂用于固定颜色，模拟器表的质感；稀释剂用于调节涂料稀薄，使上色更加便利。

一、粘结剂(上色介质)

粘结剂既可以与颜料调和使用，也可以单独使用。理想的粘结剂必须考虑以下几个要求：
- 不会对原器物造成损伤。
- 固化后可较好模拟陶瓷器表面的质感。
- 涂层的附着力较好、不易脱落，但需要时可以安全去除。
- 能与颜料很好结合，结合后颜料不会变色。
- 颜色透明或为水白色
- 抗老化性能较好，不易变色和变质。

1. 丙烯酸酯树脂

适用高温釉瓷，长期保持原有的色泽，耐紫外线照射不易分解、变黄。固化后涂层透亮无色，有较好的釉质感(如书后附彩图1)。适合喷枪上色，色层过渡自然，不留接痕。缺点是固化后硬度不如环氧树脂，涂层干燥时间较长，容易翻底，喷枪喷涂需要配备通风橱，操作人员必须做好安全防护。稀释剂：香蕉水、天那水等有机溶剂。

2. 聚醋酸乙烯酯乳液(PVAC 乳液)

将 PVAC 乳液调配粉状颜料或丙烯画颜料用于上色，形成的颜色层无眩光(如书后附彩图2)。与其他常用的有机类粘结剂相比，操作更快捷、方便且清洁无毒。适用于胎质疏松粗糙的陶器、砖瓦等低温器物。稀释剂：水。

3. 丙烯酸酯乳液

指丙烯画颜料的上色介质,由丙烯酸酯、甲基丙烯酸酯、丙烯酸、甲基丙烯酸等单体经乳化剂及引发剂共聚而成的乳液,例如:透明的丙烯画上光油。干燥固化为透明无色的涂层,上色时可混合粉状颜料使用。色层干燥后颜色会变深,调配颜色的时候需要考虑到色差变化。适合许多种类的陶瓷器,尤其是考古出土陶器或者无釉陶瓷器,但不适合高温有釉瓷器(如书后附彩图3)。稀释剂:水。

4. 脲醛树脂

脲醛树脂用作古陶瓷修复的上色介质已经多年了,例如:Rustins Plastic Coating。脲醛树脂是尿素与甲醛在催化剂(碱性催化剂或酸性催化剂)作用下,缩聚成初期脲醛树脂,然后再在固化剂或助剂作用下,形成不溶、不熔的末期树脂。脲醛树脂的优点在于能够形成脆硬的涂层,固化后可以打磨和抛光,也能层层堆积,很好地模拟陶瓷器的釉面。其缺点是不耐老化,而且性质危险有害,需要在有通风设备的环境下操作。

5. 聚氨酯树脂

聚氨酯树脂是多异氰酸酯和多羟基化合物反应而成。具有高的极性与反应活性,可产生较强的化学粘结力。使用时能很好地与颜料混合,采用松香水作稀释剂延长工作时间。聚氨酯树脂的物理机械性能好,涂膜坚硬、光亮、丰满、附着力强,可打磨和抛光,还具有耐腐蚀、耐低温、耐水解、耐溶剂以及防霉菌等优点。

聚氨酯树脂的缺点是容易受光照而变黄,树脂逐步老化变为不溶,但可用二氯甲烷类的脱漆剂溶胀后清除,聚氨酯类产品含二甲苯等有毒溶剂,必须在有通风设备的场所操作。

6. Golden 牌瓷器修复光油(Golden Porcelain Restoration Glaze,如图3)

水溶性、快干、可逆的瓷器修复专用光漆,可用笔或喷枪多次上漆,固化后表面可以打磨,可用适当的水来做稀释剂。该产品可与各类丙烯画颜料调配使用,建议使用同品牌的喷绘颜料。多层喷涂的器物需若干天或若干星期的干燥时间,最好多次喷涂薄层涂料而不是一次厚层涂料,施工要选择适宜的温湿度环境。每次喷涂之间要留有充足的干燥时间,也可用吹风机加快干燥。最后一道漆需置于加热灯下 2—4 小时烘干,这项措施很重要,否则涂层无法完全干燥固化,从而导致日后容易产生涂层软化。该产品具有可逆性,可以使用氨水清除。方法是:将家用氨水和水 1 比 1 混合,用干净的棉布吸取溶液后轻柔地擦洗。

图 3　Golden 牌瓷器修复光油

7. 环氧树脂

适用于高温瓷器或釉陶,与粉末颜料、气相二氧化硅等填料调配后上色,也可单独使用增强亮度(如书后附彩图 4)。室温下约 24 小时固化,固化后可以打磨加工,也能层层加厚,不会翻底。缺点是环氧树脂固化时间长,固化后为不溶不熔的热固性树脂,不能采用喷枪喷涂,光照后容易变色发黄,不能用于修复颜色较淡的陶瓷器。稀释剂:乙醇。

二、颜料

颜料是指有色的细颗粒粉状固体物质,可分散在媒介中,当溶剂挥发后,即留下含有粘结剂和颜料的涂层。除使用干燥的粉状颜料,修复也可以采用油画颜料、丙烯画颜料等美术颜料,这些美术画材颜色种类丰富、质地细腻,使用方便。但是必须指出的是,这些美术颜料已经含有粘结剂,如油画颜料中含亚麻子油,丙烯画颜料含丙烯酸酯乳液等,上色时可以单独使用或者与适宜的粘结剂配合使用。

染料亦可作为着色剂,用于环氧树脂或者聚酯树脂的染色,产生的颜色是透明的。但与颜料相比,染料在陶瓷修复中使用较少,因为许多染料具有不耐光、易褪色的缺点。表 1 为染料、有机颜料、无机颜料的各项性能比较。

表1 三大色料的比较

项目	染料	有机颜料	无机颜料
来源	天然或合成	合成	天然或合成
比重	2.0—3.5	1.2—2.0	3.5—5.0
在有机溶剂及聚合物内的溶解情况	可溶	难溶或不溶	不溶
在透明塑料中	能呈透明体	一般不呈透明体,低浓度时,少数呈半透明体	不能呈透明体
着色力	大	中等	小
颜色亮度	大	中等	小
光稳定性	差	中等	强
热稳定性	170—200℃分解	200—260℃分解	大多在500℃分解
化学稳定性	低	中等	高
吸油量	—	大	小
迁移现象	大	中等	小

1. 粉状颜料

颜料按化学成分可分为无机颜料与有机颜料两大类:**无机颜料**是以天然矿物或无机化合物制成的颜料,使用与生产历史悠久,目前的产量占世界颜料总产量的96%。**有机颜料**指含有发色团和助色团的有机化合物,其生产历史虽只有100多年,但色泽鲜艳,着色力高,色谱齐全。不过,有机颜料的耐候、耐光、耐热性远不及无机颜料强,在光辐射的作用下,其分子因光化学反应导致结构变化,很容易发生褪色现象。粉状颜料必须要与各类上色介质混合后,才能用于上色。

2. 丙烯画颜料(如图4)

丙烯画颜料确切名称为聚丙烯酸酯乳胶绘画颜料,是颜料、丙烯乳剂(丙烯酸酯乳液)和水的结合物。丙烯画颜料可用水稀释,当色层湿润未干时,用水可以将其洗去。但是如果完全干燥后就变成一种既坚固又柔韧的薄膜,不再溶于水。丙烯画颜料通常用于器表粗糙的陶器或釉陶,而不适合用于高温瓷器的上色。丙烯画颜料的介质是水性乳液,不能与油画颜料、丙烯酸酯色漆等混合使用。

图 4　丙烯画颜料

3. 油画颜料

颜色丰富饱满、种类丰富,但其中所含亚麻子油等成分不利于色层持久,必须事先将颜料挤到白纸上,将油吸收后取用。油画颜料属于油类颜料,可以与丙烯酸酯漆混合,很适宜喷枪喷涂工艺,用于瓷器或釉陶上色。与粉状颜料不同,油画颜料不容易产生颗粒状的表面。

4. 丙烯酸酯色漆(如图 5)

在丙烯酸酯透明漆中添加颜料而制成的产品。丙烯酸酯色漆适用于喷枪上色,色层薄且光亮,色泽过渡均匀自然。采用天那水等有机溶剂作为稀释剂。可以与丙烯酸酯透明漆、油画颜料、粉状颜料混合后使用。

图 5　丙烯酸酯漆

5. 仿金颜料(如图6)

瓷器的镏金纹饰通常是低温烧制的釉上彩,易在使用中磨损、脱落。修复镏金纹饰的方法就是将仿金颜料产品或铜粉与上色介质混合后,用画笔补绘在所需部分。铜粉的颜色种类多样、价格便宜、便于操作,其缺点是与树脂结合不好,固化后表面有颗粒、光泽较暗,暴露大气中容易老化而变色,需罩一层添加紫外吸收剂的丙烯酸酯透明漆,增强亮度并用于封护。

图6 仿金颜料

6. 贝碧欧陶瓷颜料(如图7)

分为陶瓷和瓷器两种产品:陶瓷颜料为不透明光亮的溶剂型颜料,耐光性能好,可以修饰陶瓷器。自然干燥无需烘焙,3小时初步干燥,48小时完全固化。干燥后色层可以耐光照和冷水,但不可浸泡在水中。该产品包括各色颜料、无色上光介质、专用稀释剂等。另一种专用颜料是 Porcelaine 150,烘焙后色层光亮、坚固,颜色半透明或不透明,可用于各类瓷器或釉陶。几分钟后初步干燥,24小时完全干燥,充分干燥后在150℃下烘焙35分钟,能够形成耐水、乙醇、洗涤剂的色层。该产品可以层层叠加,加入专用稀释剂增强颜料流动性,加入亚光介质能降低光亮度,而使用光亮介质可调淡颜色,但不会令色层变薄。该颜料容易变色,不宜大面积使用。

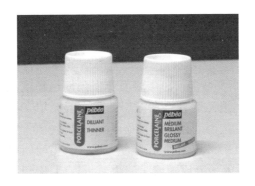

图 7 贝碧欧陶瓷颜料及稀释剂

三、稀释剂(溶剂)

稀释剂的作用是将涂料的成膜物质溶解或分散为液态,便于施工形成薄膜。不同的上色介质要配合不同的稀释剂或溶剂,例如:丙烯画颜料可以用水来稀释,而丙烯酸酯色漆要用香蕉水、天那水等有机溶剂来调节色料的浓度。许多商业产品会配备专门的稀释剂。

表 2 常用有机溶剂的挥发速度

(以醋酸正丁酯挥发速度 =1.0)

名称	分子式	挥发速度
乙酸乙酯(醋酸乙酯)	$CH_3CO_2C_2H_5$	5.25
醋酸正丁酯	$CH_3CO_2C_4H_9$	1.0
醋酸异丁酯	$CH_3CO_2CH_2CH(CH_3)_2$	1.52
丙酮	CH_3COCH_3	7.2
乙醇	C_2H_5OH	2.6
松节油	由 α-蒎烯及 β-蒎烯组成	0.45

四、消光剂

上色涂层固化后常会形成比原器更光亮的表层,除了改用亚光型的上色介质之外,还可在涂料中添加消光剂来降低色层光泽。色层光泽是表面对光的反射特性,色层越平滑,反射的光越多,光泽度越高;色层越粗糙,散射的光越多,光泽值就越低,呈现"平光"(如图8)。消光剂指那些能使色层表面产生预期粗糙度,明显地降低表面光泽的物质。消光剂悬浮在涂层的表面或充填在涂层体系内部,使涂膜的表面产生不同程度的粗糙度。

古陶瓷修复中常用的消光剂为气相二氧化硅(如图9),其折光率为1.46,接近大部分成膜树脂的折光指数(1.4—1.6范围内),不会影响涂层的透明性,且具备耐磨、抗划痕性、高分散性等优点。研究表明,最多添加40%的二氧化硅都不会影响到色层的粘结强度。

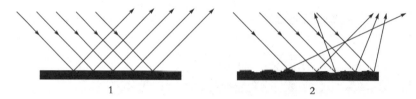

图8　光泽现象

1.高光泽；2.平光

图9　消光剂(气相二氧化硅)

五、打磨材料

许多上色介质固化后足够坚硬,可用细砂纸(例如:800 号以上砂纸)、抛光布、研磨膏等材料来打磨或者抛光色层,消除笔绘造成的笔痕,或喷绘形成的橘皮、垂滴等漆面缺陷,增强表面的光亮度。但需等色层完全固化后使用,否则打磨材料易破坏并污染色层。打磨要从色层中心向边缘单向运动,先重后轻,不可破坏过渡部分,也不可伤害器物釉面。

第四节 上色工具

一、喷枪设备

喷枪设备由空气压缩泵和喷枪两部分组成:
1. 空气压缩泵(空气压缩机)
为空气喷涂的动力源,可产生压缩空气,高级产品还具备调节气压的功能。喷涂通常需要1—2个大气压力。

图10 空气压缩泵

2. 喷枪（喷笔）

常采用小型压送式喷笔或喷枪，口径为 0.2 mm 或 0.3 mm。喷枪液杯（或称盛液缸）分可拆卸与不可拆卸两种，可拆卸液杯的喷枪可方便快速替换不同颜色的液浆，且液杯能自由转动，可实现多角度的喷涂，但是有时液杯有脱落的危险（如图11）。

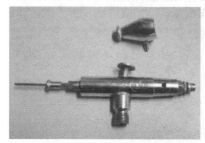

图11 部分喷笔产品

压缩空气进入喷枪体内，使吸料管产生负压，涂料从液杯中吸至枪嘴时，被压缩空气气流猛烈向前吹出，被吹出口的涂料雾化成无数的微小液珠，落到被涂件的表面，形成均匀的涂层，经干燥后，便牢固地附着在被涂件表面。

喷枪的喷嘴决定了涂料的雾化、喷流图样的变化。为了控制喷出量并较好地喷绘出局部的细节部分，古陶瓷修复上色应选择小口径的喷嘴，如口径为 0.2 mm，能够喷出细致的花纹，但喷涂丙烯酸酯涂料易发生堵塞，要注意正确使用与养护。有的喷枪的液杯（或称盛液缸）不可拆卸，每当换不同颜色的涂料时，必须先将液杯中原有涂料倒出后才能使用，因此当颜料用量少、更换频繁时，会造成不便。且这类喷枪不能朝上或朝下喷涂，否则涂料会从敞开的液杯中洒出来。可拆卸液杯的喷枪,其液杯能自由转动,可完成多角度的喷涂。

喷枪使用后应及时用丙酮等溶剂清洗,方法是先取出针阀,擦拭干净,排净剩下的涂料,再往液杯中加入溶剂后喷吹。最后用手指堵住喷头,按下板机,使溶剂回流数次,直到喷出来的为清澈的溶解液,即表明涂料通道已清洗干净。当喷嘴等部分堵塞时,可用硬度不高的针状物疏通。暂停使用时,可将液杯、喷嘴浸泡在溶剂内,防止残留涂料干结。但不可长时间将喷枪全部浸泡于有机溶剂中,这样会损害喷枪内部的密封垫,造成漏气、漏漆现象。

二、画笔

上色通常选择尖形的油画笔、中国毛笔或水彩画笔,一定要有锋、不开岔、不脱毛。可选用貂毛、猪鬃、狼毫、尼龙等材质的画笔,其中尼龙笔最容易受到化学试剂的腐蚀而出现变形。选用何种粗细的笔要视上色部分的大小,最常用的是00—03号油画笔,或小毫、圭笔等型号的毛笔,可用于补绘精细线条和纹饰。

上色完毕后要及时清洗画笔,否则会影响笔的使用寿命和效果。油画颜料、丙烯画颜料可用专用洗笔剂或肥皂水清洗,丙烯酸酯漆可用丙酮等有机溶剂清洗。清理时一定要把笔锋内颜料挤出,尤其是笔锋根部的颜料,最后用纸吸干画笔后,恢复笔锋形状后存放。

参考文献

1. 郑光洪、冯西宁编:《染料化学》,中国纺织出版社,2001年。
2. 雷·史密斯编著:《美术家手册》,中国纺织出版社,2000年。
3. Victoria L. Oakley & Kamal K. Jain, Essentials in the Care and Conservation of Historical Ceramic Objects, London: Archetype Publications 2002.
4. Susan Buys, Victoria Oakley, The Conservation and Restoration of Ceramics, Oxford: Butterworth-Heinemann, 1999.
5. Nigel Williams, Porcelain Repair and Restoration, Philadelphia: University of Pennsylvania Press, 2002.
6. Lesley Acton, Paul McAuley, Repairing Pottery and Porcelain: A Practical Guide (Second Edition), USA: the Lyons Press, 2003.

第八章 上色(二)

第一节 上色方法

一、上色流程

1. 准备

正式上色前,准备好颜料、稀释剂、粘结剂、笔刷、喷枪、白瓷板等上色材料与工具,器材保持干净整洁、取用快速方便。丙酮、丙烯酸酯漆等挥发性试剂须装在密闭容器内,相关的调色与上色操作均在通风橱内进行,操作者要佩戴橡胶手套或口罩。准备工作是为了能够迅速流畅地开展工作,许多上色材料的干燥速度快,因而要尽量缩短工作时间。

2. 封护

石膏等多孔隙的填补材料在上色前需要表面封护,例如:5%—10% Paraloid B-72 丙酮溶液,或者低浓度的环氧树脂粘结剂的酒精溶液,这是为了加强石膏的强度,也起到打底的作用。封护可采用笔涂或者喷涂的方式(环氧树脂粘结剂不推荐喷涂方式)。

3. 基色

该层涂料中会添加有强遮盖力的钛白颜料,一是为了均匀上色部分的颜色,便于稍后的正式上色,二是加入较多的钛白颜料可增厚涂料,填补表层的坑洞或划痕等细小缺陷,固化后用细砂纸打磨平整。基本涂层会凸显出修复表面的不足,可用上色介质混合滑石粉后来填平,固化后再打磨光滑。该操作可能需要反复多次。

4. 底色

用调刀或画笔在白瓷砖上混合颜料和粘结剂，调配出与原器底色相同的颜色。可在相同的填补材料上试验，等干燥后与陶瓷器颜色进行比较。上色可以采用笔绘或喷绘的方式，后者的颜色过渡自然，能够实现天衣无缝的修复效果。根据不同器物，选用适合的上色材料与方式，通常陶器上色使用丙烯画颜料，带釉器物采用丙烯酸酯漆。等待色层固化后才能再上下一层，往往需要多次上色才能达到所需颜色。

5. 纹饰

补绘所缺纹饰或者镏金装饰需要有可靠的依据，例如：器物保留的重复对称的纹饰或者简单线条。大多数采用笔绘的方式完成，有时需要采用喷涂来达到晕散的效果。

6. 罩光

上色修复最后一道工序是罩透明光漆，用于保护修复部分的色层，防止材料老化变色或者受到磨损，主要是用于带釉器物。根据需要选择光亮或者亚光的丙烯酸酯透明漆，或者在其中添加适量气相二氧化硅，降低涂层的光亮度。

二、上色技术

1. 基色

（1）笔绘：笔绘适合用于小面积的上色，但颜色过渡不是很自然，难以实现"天衣无缝"。具体操作如下：用笔尖蘸颜料后（但不会滴淌），自中心向外围、轻柔平滑地运笔，不要叠笔以免留下笔痕，影响色层的平整度。上色区域与原器表的颜色过渡是重点，为了使上色层与周围颜色融为一体，分界线附近要采用短小快速的笔触，运笔方向与分界线形成一定角度，颜色也要逐渐趋淡，方法是待色层尚未全部干燥时候，将含颜料的笔在无色介质中沾湿后渲染色层外缘，起到逐渐模糊色层分界线的作用。注意上色层与原器的交叠部分要尽量少。

色层完全固化后，可以用细砂纸精心打磨抛光，扫去表面粉尘后,进行再次地上色。打磨只能局限在修复上色的范围,而且要从中心向原器表面方向打磨,不可伤及器物表面,也不能破坏色层的自然过渡。打磨后,色层会变得较淡,但再上透明光油颜色又变深,如果上色出现错误,用笔蘸稀释剂后轻柔溶解后清除。

(2)喷涂:喷涂能够实现过渡自然、光滑平整的釉面基色,适合模拟高温瓷器的透明光亮的釉面,尤其是大面积的上色。但其缺点是喷涂范围不易控制,容易造成过度修复,不适合小范围的上色。喷涂的重点在于控制好喷枪上色的距离、角度、压力,而且事先要用纸等材料覆盖保护原器表面。

喷涂颜料流动性较强,通常在有盖小容器中调配。调色时,先在容器内加入适量粘结剂或透明介质,然后在一旁的调色瓷板上用笔调油画颜料或其他颜料产品,然后加入液杯中,用笔充分搅拌混合,必要时添加稀释剂调节浓淡。稀释剂用量太少,涂料过于粘稠,堵塞喷枪,但用量过多,涂层过于稀薄没有遮盖力。正式喷涂前一定要试喷,比较一下漆色和原器的差别,如果颜色差别小、喷枪状态良好就可以正式喷涂了。为了避免颜料挥发固化,颜料色浆需要密闭保存。

喷涂时空气压缩泵一般选择1个大气压左右,并通过调节喷枪的调节螺栓或控制按下扳手的幅度来帮助调节喷漆量。扳手直接按下去只有空气喷出,向下向后斜推则喷出颜色。一定情况下,喷笔距离越远、扳手斜推程度越大,喷绘面积也越大。喷笔距离近、斜推程度小就可以喷出较细的线条。

喷枪的运笔要根据釉面浓淡,以直线或打圈方式进行喷绘,例如:拉坯成型的瓷器会出现一圈圈的深浅不同的釉色,喷枪就要根据其轨迹进行运笔。颜色一致的色块可用采用打圈的方式运笔,产生的色层厚薄均匀,不会有堆积的情况;也可以采用平行的直线,但是线条之间彼此略有重叠。涂层完全干燥后,可以用细砂纸略加打磨,但不能破坏过渡色层。

2. 纹饰

陶瓷器纹饰大多数由工匠用毛笔手绘而成,因此对这些纹样图案的补绘通常也采用笔绘的方式。有时也会采用喷枪与笔绘结合的方式,来表现晕散的效果。

(1) 打稿：补绘纹饰前，根据器物保存的相同图案或者相关资料，在底色上打出大致的样稿，最简便的方法是采用硫酸转印纸来复制：先将转印纸盖在原器纹饰上，用 H 或者 HB 铅笔描印图案，随后将转印纸翻过来，再将图案勾描一遍，最后将该面盖于需补绘位置，用指甲按纸背将铅笔痕迹转印下来，铅笔残留可用棉签擦拭（如图1）。

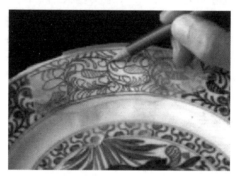

图1　打稿（图源见本章参考文献10）

(2) 裂纹：指陶瓷釉面开裂形成的纹状缺陷，这种裂纹大致与釉面垂直，由于烧制冷却时釉面收缩率大于陶瓷胎体的收缩率所造成的。哥窑瓷器、铅釉陶器等都有裂纹，只是粗细浓淡不一。补绘裂纹时，可采用细笔蘸油画颜料（松节油稀释）描绘，或采用细铅笔，但是颜料或铅笔附着力较差，干燥后必须喷涂一层丙烯酸酯透明漆。如果裂纹很细小难以用画笔模仿，则可先用针笔在补绘表面上刻线出裂纹，随后填入颜料粉，然后罩光漆。如果裂纹颜色浅于底色，可用笔蘸透明介质将底色稍微溶解，获得相对较浅色的线条。

(3) 晕散：青花、釉里红等釉下彩瓷的纹饰线条常会发生颜色晕散，补绘的难度较大。对于晕散模糊的纹饰，可以先采用笔绘，待颜色半干时用少量透明介质模糊线条边缘，或者利用喷枪在笔绘纹样的基础上喷涂，仿制出晕散的效果。

(4) 斑点：指散布在陶瓷表面的大小黑色、棕褐、淡黄的斑点，是因为坯料中所含铁质杂物在窑内的还原气氛下发色而成，可用牙签、笔尖蘸颜料逐一点出，也可以采取牙刷弹拨的方式（如图2）。

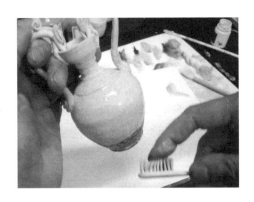

图 2　弹拨颜料

（5）**釉上彩**：有的彩饰较薄，按普通上色方式即可，对于较厚突起的彩饰，例如：粉彩等，需要在颜料中添加气相二氧化硅等体质颜料增厚。

（6）**镏金纹饰**：瓷器的镏金纹饰通常是低温烧制的釉上彩，易在使用中磨损、脱落。修复镏金纹饰的方法就是将仿金颜料产品或铜粉与上色介质调配后，用画笔补绘在所需部分，其中可添加适宜的颜料来调节颜色深浅。

3. 罩光

罩光要等色层完全固化后方能开始，否则容易造成"翻底"。罩光主要用于瓷器或者釉陶，采用光油喷瓶直接喷漆或喷枪喷涂的方式。罩光漆固化后可打磨，也可以层层叠加，但是之间必须要有充足的固化时间。可以按照需要，选择光亮漆或亚光漆，也可以添加气相二氧化硅等消光剂降低涂层亮度。这个阶段，也可在透明漆中添加少量颜料（透明度高的颜料），将色彩鲜明的纹饰调整得略微柔软些。

三、调色

1. 色彩原理

所有色彩都具有**色相**、**纯度**、**明度**这三要素，可以用于帮助区别不同的颜色：

（1）**色相**：指不同色彩相互区别的基本色彩特质，是不同波长的光给人的不同的色彩感受，如红、橙、黄、绿、青、蓝、紫等各种色彩相貌。自然界中，红、黄、蓝是不能再分解的基本色，称为**原色**。由两种原色混合成的颜色橙、绿、紫称为**间色**。由一种间色和另一种原色混合而成的色，黄橙、红橙、红紫、蓝紫、蓝绿、黄绿被称为**复色**。这样原色、间色、复色就组成12种色相的色相环（如书后附彩图5）。在色环上处于相对位置的两种互称为**补色**：红色和绿色，蓝色和橙色，黄色和紫色。当一对补色相互混合，它们会相互中和，令色彩变得灰暗（如书后附彩图6）。

（2）**纯度**：指色彩中单纯色彩的含量浓度，纯色的含量越高其纯度也就越高，颜色就显得越饱和，故又称作饱和度，也称为鲜度或彩度。红色是纯度最高的色相。橙、黄、紫等色是纯度高的色相，蓝、绿色是纯度最低的色相，不同程度地带有灰色的成分，使得色彩呈现不同的非饱和状态。颜色中加入白、黑、灰、补色等都会降低其纯度，使颜色灰暗。

（3）**明度**：又称亮度，是颜色的深浅变化所产生的明暗感觉。不同的颜色具有不同的明度，在颜色中白色的明度最高，黑色的明度最低。

2. 调色

在白瓷板中央放置粘结剂，四周放所需的粉状颜料或美术颜料产品，并且准备好稀释剂。用笔或调刀取颜料添加到粘结剂中混合，粉状颜料要用调刀尖研磨细碎，添加的颜料要逐渐增量，直到调出合适的颜色。调色要控制时间，避免颜料使用前就干燥，建议多调一些颜料，因为调色过程中颜料会有损耗。调好的颜料要在同样的填补材料上试验，与原陶瓷器颜色接近后方能正式使用。

调色时先放含量多的颜色，后加含量少的颜色。比如调配青花的青白底色时，先在调色板上放上白色，然后加少量群青、生赭逐步调整。加黑、灰、等量的补色可以加深颜色，加白可调淡颜色。有人建议使用生褐加深颜色，用柠檬黄来调淡颜色。调和一种颜色最好是两色相加或三色相加，否则颜色会变灰暗。要增加颜料透明度，可增加无色的上色介质。在所有颜料产品中，丙烯画颜料固化前后颜色会有色调不同。最后罩光也会改变颜色深浅：光亮的介质会令颜色变深,亚光介质会令颜色变浅。这些可能的色差变化都需要加以考虑。稀释剂可用于调节颜料的浓稀度,增加稀释剂令颜料变稀变淡,但如用量过多,颜料中的粘结剂相对不足,就会减弱颜料层与修复表面之间的附着力。

第二节 上色实例

一、喷枪上色（丙烯酸酯漆）

1. 准备

正式工作前要对喷枪进行调试,可采用乙醇等稀释剂进行试喷。当喷笔运行正常时,喷出线条应均匀、挺实、点圆、喷雾效果好。如发现喷雾断断续续,并伴有突突响声,有时甚至没有喷出,那就需要进行检查,排除故障后方能进行调色。常见故障通常为：喷嘴、笔身、接气管密封不严出现漏气；喷枪内颜料未清洗干净,出现堵塞；气泵故障等。

2. 调色

喷枪上色可采用丙烯酸酯透明漆、丙烯酸酯色漆（或油画颜料）、稀释剂等调配好的涂料上色。先加入适量丙烯酸酯透明漆,然后用毛笔调颜色后加入,用笔充分搅拌混合。稀释剂可以用天拿水等有机溶剂,用量太少时,涂料会过粘而堵塞喷枪,或造成"溅点""拉丝"；但用量过多,涂层过于透明没有遮盖力,也会产生"挂流"。由于色漆目测的颜色和实际喷涂在陶瓷器上的颜色有所差别,因此正式喷涂前一定要试喷,比较一下漆色和原色的差别,如果颜色差别小、喷枪状态良好就可以正式喷涂了。

3. 喷枪使用

喷涂的时候,喷枪与被涂面成直角平行运动。小型喷枪的喷嘴与器物表面的距离一般以 2—5 cm 为宜,空气压缩泵一般选择 1—2 个大气压。调节喷枪上的调节螺栓或者控制按下扳手的幅度也可以帮助调解喷漆量。扳手的操作是使用喷笔的关键。扳手直接按下去只有空气喷出,向下向后斜推则喷出颜色。一定情况下,喷笔距离越远、扳手斜推程度越大,喷绘面积也越大。喷笔距离近、斜推程度小就可以喷出较细的线条。由于喷笔是将颜料雾化后喷到器物表面,所以喷枪距离过远会散失掉一部分颜色,导致色层附着力不足。但是如果距离过近则会产生冲斑。喷枪使用过程中经常会出现各种问题,表 1 中基本总结了喷涂中的常见问题及有效的排除措施。

4. 基本操作步骤(如书后附彩图 7)

(1) **基色**:喷涂一道白色漆(透明丙烯酸酯漆、白色丙烯酸酯漆、稀释剂)用于遮盖并均匀上色部分的颜色。漆层固化后,器表会暴露出小瑕疵,可多喷涂几道漆,等固化后用金相砂纸打磨平整。如还不理想,就等漆干后,用滑石粉等填料混合粘结剂填补,固化后用砂纸打磨平整。原器喷涂前最好遮盖起来,防止沾染涂料。

(2) **底色**:调配接近瓷器底色的上色涂料,在白基色上喷涂。这道工序通常要反复多次,并且不断调整颜色。喷枪用笔应根据不同情况有所变化:碎片的拼缝可以依照线条运笔喷色;喷涂大面积补缺部分时,用笔则随意不规则,使涂层生动不呆板。几道喷涂之间需有足够的干燥时间,否则后喷涂料中的稀释剂会溶解前层未干的涂料,造成"翻底"。当色层覆盖原器的范围过大时,可趁色漆未干时,用细笔蘸稀释剂清除,但注意不能破坏交界处的过渡。

(3) **纹饰**:通常使用油画颜料笔绘上色(使用松节油作为稀释剂)。但用喷枪辅助笔绘,可以模拟纹饰中的晕散效果。

表1　喷枪常见问题及排除措施

现象	原因	解决措施
无喷射	喷针紧固、螺丝松动，喷针无法进退	拧紧螺丝
	喷出颜色涂料不匀、有杂质，造成喷笔堵塞	清除堵塞物并且调匀、调稀涂料
涂料不连续（喷雾断断续续，并伴有突突响声，常会出现"溅点"）	喷枪内部通道堵塞	除去堵塞物
	涂料喷嘴松动、损伤或者堵塞	拧紧、更换或者清洗
	针阀密封垫破坏或松动	更换或拧紧
	涂料粘度过高	稀释涂料
雾化不良	涂料粘度过高	稀释至合适粘度
	涂料喷出量过大	减压、减少涂料喷出量
	涂料喷出量过小	增压、增大空气喷出量
喷雾图样不完全（即喷涂的点不圆）	空气帽的堵塞或损伤	除污或更换
	喷嘴有污物	卸下喷嘴，用溶剂浸泡，吹通
喷嘴前端漏涂料	喷嘴与针阀的接触面有污物	清洗喷嘴内部针阀
	喷嘴与针阀的接触面不封闭	使其密闭
	针阀垫圈过紧	调节紧度
	针阀弹簧损坏	更换
未扣机时前端漏气	空气阀垫圈拧得过紧	调节空气阀垫圈的松紧度
	空气阀密闭部有污物或损伤	去污或更换
	空气阀弹簧损坏	更换

（4）罩光：在干燥的纹饰上喷涂丙烯酸酯透明漆，封护固定纹饰，也能增加肥厚的釉质感。如果需要降低光泽，可使用含有气相二氧化硅消光剂的透明漆或者亚光型透明漆。

使用丙烯酸酯漆喷涂上色时，常常会出现各种问题，需要修复人员反复练习,掌握技术的要点。表 2 中详细罗列了常见的漆膜缺陷及其可能原因和解决方法。

表 2 喷涂丙烯酸酯漆时常见的漆膜缺陷及可能原因和解决方法

现象	原因	解决方法
挂流:在涂膜形成过程中湿膜受到重力的影响朝下流动,形成不均匀的涂膜,也称"流坠"或"挂流"	湿膜太厚	两道喷涂间应有足够的晒干时间,保证喷枪与被涂面垂直、距离恒定,不能过近;喷枪移动速度要均一,避免过慢或者停顿
	涂料粘度太低	按涂料品种,稀释到适宜施工的粘度
	溶剂挥发太慢	选用专门的稀释剂,提高环境温度并加强通风
桔皮:湿膜未能充分流动形成的似桔皮状的痕迹	溶剂挥发太快,湿膜粘度急剧增加	使用挥发较慢的溶剂
	出漆量太少或喷涂距离太远,表面沉积漆膜太薄	增大涂料的浓度,使涂料能够允分流平
	喷枪雾化不良,漆雾颗粒过大	调节喷枪的喷雾情况
	粘度过大,喷涂雾化性和湿膜流平性差	增加挥发性适中的稀释剂
发白:漆膜中出现不透明白色膜。由于正在干燥的涂膜邻近的空气冷冻到了露点,使水分凝结在涂膜上的缘故。该现象可能是暂时的,也可能是持久的	作业环境湿度太高,溶剂快速蒸发时带走大量热量,造成局部湿膜表面温度下降至"露点"以下,使水汽冷凝渗入湿膜,产生乳化状白色膜	控制相对湿度在 70% 以下,温度在 20℃ 以上
	涂料溶剂的挥发性快	使用挥发性适宜的稀释剂
	被涂物的表面温度太低	控制在室温下操作
拉丝:涂料呈丝状喷出,使漆膜形成不能流平的丝状膜	涂料的施工粘度太大,雾化性不好,易产生丝状喷	调整粘度
	稀释剂的溶解力不够,稀释性太差	加入适当的溶剂,增强稀释剂的溶解性能
	涂料树脂分子量太高,粘度很大	增大稀释剂用量

二、丙烯画颜料上色

1. 概述

市场上有诸多丙烯类画材品牌,例如:Daler-Rowney ® Cryla Artists' Acrylic Colours / Liquitex ® Acrylic Colours / Golden ® Artist Acrylic Colors / Winsor & Newton ® Artists'Acrylic Colour 等,已经发展出丙烯画颜料的系列产品,如:高粘度、液体、喷枪专用丙烯画颜料,有光或亚光丙烯画上光油,塑型软膏等。由于这些产品属于美术画材,其中含有各种用途的添加物,性能各有不同。当运用在古陶瓷修复上,必须经过一段时间的试用检测,判断其性能优劣。

与环氧树脂等介质相比,丙烯画颜料在文物修复方面,具备许多突出的优势:
- 色层固化后能附着于石膏或环氧树脂等多种材料基底。
- 层固化后无眩光、不易变黄或褪色。
- 具可逆性。可用丙酮等有机溶剂清除,或者用温水软化后机械清除。
- 产品种类繁多,能够有效实现多种上色技法。
- 为水溶性颜料,干燥时间快,操作无毒清洁,对人体无害。

2. 应用

丙烯画颜料干燥后形成塑料质地的薄层,无法保证颜料与器物之间有足够粘结强度,也很难进行打磨或抛光等表面处理,所以比较适合考古出土陶器或者无釉的陶瓷器物,无法运用在高温釉瓷上。

丙烯画颜料可用水稀释,也可与粉状颜料或同系列丙烯画产品混合,或者将丙烯画上光油(透明或亚光)混合粉状颜料使用,直至调配出理想的色彩、厚薄、亮度的颜料。丙烯画颜料的干燥速度与材料基底有关,在石膏等多孔材料上干燥较快,而在非多孔材料上干燥较慢,例如环氧树脂。低温下颜料干燥速度会变慢,而且不利于颜料成膜,可以采用吹风机来加速干燥。如果需要多次上色,每次操作要有足够时间让色层充分干燥。丙烯画颜料干燥后颜色变深,需在同类材料上进行试验后,方能正式开展上色操作。丙烯颜料干燥后不再具有可溶性，所以调色板上的颜料要保湿，画笔在颜料固化前要及时用水、肥皂或专用洗笔剂清洗。

丙烯画介质为热塑性材料，其硬度与弹性受到温度变化的影响，温度升高涂层会变软、变粘。其理想的操作环境：温度20℃—30℃，相对湿度75%以下，低于9℃的工作环境不利于丙烯介质成膜。

由于丙烯画颜料干燥后会变色，所以正式修复前需在石膏等材料上进行测试。在上色区域的四周要涂上Latex乳胶保护原器，待上色完成后再剥除，Latex易干，清除时不会损伤器表。如果颜料不慎落在器物上，可用棉签蘸水后擦拭清除。

丙烯画颜料可采用笔尖点戳、牙刷弹拨、海绵涂擦、喷枪喷绘等多种上色的方式：

（1）笔尖点戳

用画笔蘸取颜料以点戳或涂擦的方式上色。笔头垂直多次点蘸，产生分散、蓬松的笔触，不同的颜色要交错安排，避免在一处堆积同种颜色，最终要使不同的色彩在视觉上协调的混合起来（如书后附彩图8）。这种方法称为点彩法。

（2）牙刷弹拨

牙刷蘸丙烯画颜料后，用手指拨动，弹溅在所需区域，通常需要比较稀薄的色浆。这种方式能够获得比较自然的颜色过渡，没有生硬的颜色分界。但牙刷弹拨很难控制颜料溅落位置，需预先用适当材料覆盖原器表面，或用水擦拭掉多余的颜料。

（3）海绵涂擦

用海绵蘸颜料后逐步按压在需修饰的部分（如图3）。海绵表面粗糙、高低不平，可形成不规则、复杂多样的色块，适合模拟陶器表面的粗糙质感和颜色。这种方式既可以运用稀薄的色浆，也能采用较粘稠的膏状丙烯画颜料。

（4）喷枪喷绘

丙烯画颜料既可用笔绘也能利用喷枪上色，但是必须采用流动性高的颜料。市场上已经出售专门的丙烯画喷涂颜料，不用稀释直接使用，不会堵塞喷枪，而且颜料可以层层叠加。普通丙烯画颜料也可用喷绘，但要添加专用稀释剂，不能直接用水稀释。

图 3　海绵涂擦

三、其他颜料的上色

1. 环氧树脂粘结剂（含着色颜料）

环氧树脂粘结剂与气相二氧化硅和粉状颜料混合后，用作填补材料。固化后用细砂皮打磨即可，采用该方法可将配补和上色两项操作合二为一。新型的环氧树脂粘结剂（例如：Fynebond、Araldite 2020）耐光性好、粘度低、折光率接近玻璃，配以气相二氧化硅为填料，适当着色后用于瓷器的配补与润色。固化后，环氧树脂的颜色、半透明感与原器保持协调一致，这种方法的最大优点是可以避免覆盖过多的原器物表面。对于器型纹饰小巧精致、损伤范围较小的器物来说，这种方法显然优于修复面积过大的喷枪上色。

2. 陶瓷颜料（笔绘）

使用 Pebeo 等自然干燥陶瓷颜料作为上色材料。在调色板上用画笔调配颜色，先调配上底色，其后各色纹饰。等色层完全干燥后，喷一层丙烯酸酯透明漆保护笔绘色层。

参考文献

1. 姚尔畅:《绘画颜料与色彩指南》,上海人民美术出版社,2004年。
2. 张春新等:《丙烯画表现技法:材料·技法·史料》,辽宁美术出版社,1998年。
3. 胡国良:《丙烯画技法》,河南美术出版社,1986年。
4. 郑天亮主编:《现代涂料与涂装工程》,北京航空航天大学出版社,2003年。
5. 孙兰新等:《涂料配方与工艺》,中国轻工业出版社,2001年。
6. 张学敏:《涂装工艺学》,化学工业出版社,2002年。
7. Lesley Acton, Natasha Smith, Practical Ceramic Conservation, The Crowood Press, 2003.
8. Victoria L. Oakley & Kamal K. Jain, Essentials in the Care and Conservation of Historical Ceramic Objects, London:Archetype Publications, 2002.
9. Susan Buys, Victoria Oakley, The Conservation and Restoration of Ceramics, Oxford:Butterworth-Heinemann, 1999.
10. Nigel Williams, Porcelain Repair and Restoration, Philadelphia:University of Pennsylvania Press, 2002.
11. 俞蕙,邓廷毅,杨植震:《古陶瓷修复的上色材料与工艺》《上海工艺美术》1(总第91期),2007年。

第九章 出土陶瓷器的现场保护与修复

第一节 考古出土文物的保护

出土文物保护是考古田野发掘中的重要内容,从工作流程来看,能够大致分为前期准备、现场保护与修复、实验室保护与修复、环境控制下的保存等几个阶段:

一、前期准备

指正式发掘前,预先估计文物保护所需材料与设备的种类和数量,确保能及时处理发掘现场的各种问题。人们需要考虑考古遗址的埋藏环境、可能发掘出土的文物类型,以及文物材质可能遭受的损坏、锈蚀和变质等问题。在此基础上,安排足够的人员和物资,满足现场文物清洗、加固、粘结、包装、运输等各环节的工作需求。

二、现场保护与修复

指在发掘过程中,对受损或脆弱的文物进行初步或临时的保护与修复处理,使其能安全地从考古现场取出,并转移到保护实验室接受更深入的评估和保护。受埋藏环境变化的影响,出土文物很容易发生损坏和变质,清理之前需经过干燥或者加固等措施,待具备一定强度后方能取出。为了不损失有价值的信息,会将脆弱文物及周围泥土一起包裹取出,转移到室内进行细致的清理。

三、实验室保护与修复

在实验室内,文物会得到仔细的清理,并同时对文物的保存状况进行检查和分析(文物材质检测与分析、显微镜观察、遗物残留分析)。在此基础上,通过环境控制等手段或施用加固剂等主动手段,稳定脆弱或变质的文物材质。往往要根据文物未来的保存、展览、研究的实际需求,对文物采取清洗、粘结、配补等修复措施。有时候,实验室也会对储藏或展览多年的文物进行重新的保护与修复。

四、环境控制下的保存

考古出土文物经过保护修复之后,大多会放入库房保存,必须对保存环境进行控制,这属于预防性保护的重要内容。

第二节 出土陶瓷器的现场保护修复操作

考古文物现场保护修复的目标为:减少文物在发掘过程中的败坏,确保其所承载重要信息与证据,用于将来人们的研究与分析。对考古出土的陶瓷器,要遵循以下五个保护原则:(1)保护文物的真实性,即保存文物及其所承载的重要信息;(2)最少干预原则,即为今后的深入研究和分析,而要尽可能少的改变陶瓷器;(3)可逆性原则,指现场保护的措施(例如:临时粘结剂)可以被去除,在实验室保护阶段再用更合适的保护方式取代;(4)预防性保护,指将文物置于优良环境中保存,可以减少败坏的恶化;(5)对器物和保护修复操作进行记录,这些记录可以为文物未来的保护与分析提供重要的信息。以下根据一般的操作流程,依次说明陶瓷器文物保护修复的具体操作:

一、发掘阶段

大多数出土陶瓷器质地比较坚硬持久,可以逐步剔除附着的泥土后取出。但对于烧结温度较低、孔隙率大的陶瓷器,它们往往吸收地下水而变软,直接移动会对器物造成损伤甚至碎裂,因此须要对陶瓷器采取临时固定之后,方可进行移动,方法有三:一是让器物自然干燥变硬;二是使用外部支撑材料固定;三是利用加固剂(低粘度的粘结剂)加固器物。任何特别支撑或者加固的陶瓷器将被送到保护修复实验室里面采取进一步的处理。

1. 干燥法

胎质软的陶瓷器在干燥后强度会提高,由于干燥法对于文物的破坏最小,因此可以最先试验其可行性。不过,有的器物在地下已经碎裂,只是在水的表面张力作用下拼接在一起,只要稍微干燥就会分离。还有的器物所附着的盐类或其他异物会因干燥而变硬收缩,从而导致器物开裂,还令清洗变得更加困难。

2. 支撑法

有许多临时固定的方法。例如:保留器物内部泥土,清理外部的泥土,只保留底部泥土形成台基,同时螺旋式缠上石膏绷带固定,最后罩上适合的容器,空隙处填满塑料泡沫等减震材料,然后连同泥土台基一起提取出来(如图1)。保留器内泥土能防止碎裂器物解体,也可保留器内的食物或花粉残留。

3. 加固法

当陶瓷器表面产生粉化或者有脆弱的彩绘层,其表层会容易粘在周围的泥土上而不是陶瓷器上,因此要尽量保留贴在器物表面上的泥土,送入实验室内进行加固和清洗。如果在现场釉层或表面开裂、剥落,需要紧急加固的时候,建议使用3%—5%的 Paraloid B-72 溶液或20% PVAC 水溶液。

发掘出土的陶瓷器要放置在避光处,最好能立刻进入清洗阶段。含有盐类的陶瓷碎片要保持潮湿状态。分析测试的取样工作要在清洗之前完成。

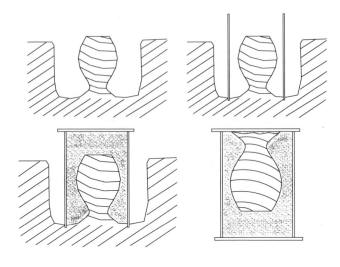

图1 支撑法

二、清洗阶段

清洗的目的是为了帮助考古学家辨识陶瓷器的形貌,发现其附着的重要信息,便于对出土文物进行测绘与记录。所以陶瓷器的清洗工作大多在考古现场进行,考古现场的清洗往往是初步的清理,只要达到能够识别文物的目的即可,无需追求过度的清洗,否则只会对文物造成损坏并且丢失重要的信息。

大多数陶瓷器质地坚硬持久,可以用流动的清水刷洗表面的污泥,但必须事先进行局部试验,确保其有足够强度能承受水洗,并且清洗后放置于避光处阴干。低温碎裂的器物或彩绘和釉层剥落的脆弱陶瓷器,不能采用水洗,必须使用PVAC水溶液加固,干燥后再用刷子、竹签等工具清除污泥浊土。此外,对出土陶瓷器而言比较复杂有难度的污垢分为以下几种:

1. 可溶盐

如果有可溶盐渗入的陶瓷器,通常将器物浸泡在清水中,然后不断更换清水,开始可以使用清水,最后一两次使用蒸馏水或去离子水来漂洗。当出土器物的含盐浓度很高，例如：海底打捞陶瓷器，一定要将它们保存在潮湿环境内，防止可溶盐结晶析出，令釉层脱落受损，然后在表层覆盖湿棉花或湿纸巾，利用毛细作用将内部可溶盐吸出，随后将陶瓷器浸泡在蒸馏水中，多次更换清洗用水。

2. 不溶盐

对于附着在海底出土器物上的不溶盐结壳或堆积，最安全的方式是利用手术刀等工具手工机械清除。但是在考古现场，传统的方法是用酸液（盐酸、硝酸等）来清洗，清洗时间比较短，但是可能带来的风险较大。首先，要确认胎体是否包含贝壳等碳酸钙类掺合料，因为酸液会与这些物质发生反应，损害胎质结构。其次，盐酸会导致釉层变色，尤其是铅釉。最后，酸液溶解不溶盐后生成可溶性盐，也会对器物产生损害。酸液清洗前，先将陶瓷碎片充分湿润，这样可以使化学反应集中发生在器表。坚固的陶瓷器可以浸没在10%—20%的硝酸或盐酸中，直到化学反应生成的气泡逐渐消失，最后用蒸馏水漂洗干净后，自然风干。釉陶可以采用盐酸来清洗。对于釉层脆弱或含碳酸盐物质的表面，可以用棉球来清洗或者滴上酸液进行局部清洗，反应结束后立刻将酸液擦去或者用清水冲洗。该项操作比较复杂，不建议在考古现场进行，应该将器物转移到文物保护实验室后进行除盐清洗。

3. 锈斑

对于胎釉含氧化铁成分的陶瓷器，用棉球蘸10%的草酸覆盖在潮湿的陶器表面可以除去铁锈斑。如果胎釉不含氧化铁，可以使用5%的EDTA四钠盐溶液浸泡的方式来清除锈斑。海底出土器物中的硫化铁和有机污斑，可以用10%—25%过氧化氢溶液（体积）清除，但要小心操作，避免流入缝隙中，产生的剧烈气泡可能会损伤釉层。

海中出土的陶瓷器遇到的问题非常复杂，例如某件瓷器的口部和内壁附着贝壳，其表面局部受损，对其采取措施依次如下：清除异物→浸泡除盐→自然干燥→加固处理→粘结碎片→清除表面贝壳。加固措施之前，要将器物外部污垢或内部可溶盐清除干净。否则污垢被封闭在加固层之下，难以清除。在采取比较激烈的操作，例如机械清除不溶盐结壳之前,也要先采取加固措施,令器物获得足够大的硬度和结构稳定度。

三、修复阶段

为满足考古学家对出土器物进行摄影、制图等记录工作,必须要在考古现场就开展临时性的陶瓷器修复。碎片粘结通常采用具可逆性、固化快速的粘结剂,国内经常采用 502 胶水。国外习惯采用 Paraloid B-72 或者 PVAC,有时也采用硝酸纤维素粘结剂。如果拼接前需要加固脆弱碎片,可以使用 PVAC 或 Paraloid B-72 的稀溶液作为加固剂。粘结剂在完全固化前,需使用胶带固定碎片,置于沙盘中待干。

碎片拼接后,通常采用石膏补缺。而在有的国家,补缺仅仅为了实现器物结构的稳定,并不会填补所有缺失部分,而且所填石膏的高度会略微低于原器表的高度。

四、预防性保护

一般情况下,在放置器物的盒内垫入充足的缓冲材料,器物之间也要相互隔开防止碰撞。小型器物可单独装在小盒内,然后集中放入更大的盒子。如果是小碎片,要先用透明塑料袋包装,附上标签,然后装入塑料盒中,彼此之间用缓冲材料隔开(如图2)。此外,器物的包装还要考虑到人们可以便利地对器物进行检查和拿取。陶瓷器中可能含有水分,为了避免冷凝的发生,不必采取密封包装袋或者盒子,可以允许保持一定的空气流动,然后置于温湿度适中的环境,令陶瓷器碎片自然干燥。

1. 潮湿包装

对于海洋或盐碱土壤中出土的陶瓷器碎片,为避免器物中可溶盐晶体的析出,出土物一定要保持潮湿。短距离的运输可以采用密封的聚乙烯盒子。如果距离很远,时间较长,必须选择密封性能好的防腐容器。潮湿器物先用多层聚乙烯封口袋包装,然后置于密封的聚丙烯塑料盒中,排除多余空气,冷藏保存。

2. 干燥包装

对必须保存在干燥的包装环境中的陶瓷器碎片,可选择干燥硅胶。硅胶能有效吸收水分直到硅胶饱和,变色硅胶干燥时呈蓝色,吸水饱和时呈粉红色。硅胶吸水饱和后可通过加热(120℃—130℃)使其重新干燥变蓝。硅胶的用量大约是器物容量的1/15—1/10,用透气的袋子装好后放入盒中,不可散乱摆放或者与直接接触器物。当发现硅胶变色,要及时更换。

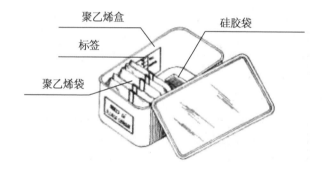

图2 考古出土品的包装(图源见本章参考文献6)

参考文献

1. Susan Buys, Victoria Oakley, The Conservation and Restoration of Ceramics, Oxford: Butterworth-Heinemann, 1999.
2. Ray A. Williamson, Paul R. Nickens, Science and Technology in Historic Preservation (Advances in Archaeological and Museum Science — Volume 4), New York: Kluwer Academic/ Plenum Publishers, 2000.
3. Bradley A. Rodgers, The Archaeologist's Manual for Conservation, New York: Kluwer Academic/ Plenum Publishers, 2004.
4. Linda Ellis, Archaeological Method and Theory — An Encyclopedia, New York: Garland Publishing Inc; 2007.
5. J. M. Cronyn, Elements of Archaeological Conservation, New York: Routledge, 1990.
6. M. C. Berducou, La conservation en archéologie, méthodes et pratiques de la conservation-restauration des vestiges archéologiques, Paris: Masson, 1990.
7. Donny L. Hamilton, Methods of Conserving Underwater Archaeological Material Culture, Nautical Archaeology Program, Texas A&M University, 1999. http://nautarch.tamu.edu/crl/conservationmanual/

第十章 陶瓷器的保存与养护

第一节 陶瓷器的保存环境

影响陶瓷器败坏的环境因素包括以下几个方面：

1. 温度

当环境温度发生剧烈变化的时候，陶瓷器材质会突然膨胀与收缩，产生压力损害到胎釉结构。陶器在冰冻环境下，吸入的液态水凝固成冰，体积膨胀而挤压陶器内部结构，会造成表层装饰釉面或彩绘的碎裂与脱落，这种情况通常发生在室外文物，如陶瓷外部建筑装饰、陶花盆等。因此，稳定的陶瓷器适宜保存和展出在温度为18℃—25℃的环境中。

2. 湿度

烧结温度高的陶瓷器不易受到相对湿度的影响。但对质地粗糙，孔隙率高的陶器来说，当内部含有可溶性盐时，随着湿度的波动，可溶性盐会反复溶解和结晶，结晶时盐类体积膨胀挤压，会导致陶瓷材质受损（如图1）。

高湿度会令金属底座、装饰配件、锔钉等锈蚀，污染器物表面（如图2）。当相对湿度波动过大，就会影响到陶瓷文物上的修复材料，如：动物胶、蜡等，水溶性的粘结剂会失效，石膏受潮后其中硫酸盐容易被器胎吸入。最后，高湿度也会促使在陶瓷器沾染的有机物（如食物残留或天然粘结剂）上长出霉菌，形成深色霉斑。

对稳定的陶瓷器来说，理想相对湿度：保存环境为50%—65%，展出环境为55%—60%。含有霉斑或敏感材料的陶瓷器，相对湿度需控制更严格，保持在50%或更低。

图1　盐蚀(图源见本章参考文献3)　　图2　铁锈(图源见本章参考文献3)

3. 光照

光照产生的热量会导致陶瓷器局部区域温度升高,伤害器物胎釉,导致彩绘层褪色剥落,而且会加速陶瓷器上修复材料(粘结剂、颜料)的老化和变色。因此,保存和展览环境中,必须避免强力聚光灯和日光直射。建议的光照规格是:紫外辐射 < 75 μW/lm(中度敏感);光照度 50 lux—250 lux。

4. 颗粒污染物

颗粒污染物会覆盖陶瓷器表面,改变外貌色泽,污染的程度取决于污染物的种类和器物表面吸附污物的难易,污染物颗粒也会擦伤磨损器物表层。因此,储存和展览区域需尽量保持无尘,如储存区域难以实现无尘,要在器物上覆盖无酸纸防尘。

5. 震动

地震、地铁、飞机等各原因会导致存放、展览陶瓷器的建筑物产生震动。这些震动会直接磨损器物,令釉面产生裂纹,或者导致器物意外跌落,发生磕碰和撞击。

第二节　陶瓷器的管理

1. 取放

移动器物前要仔细阅读相关档案资料并观察其外观,掌握器物胎釉结构上的各类缺陷，尤其注意裂纹、彩绘、老旧粘结等脆弱部位。操作人员要避免佩戴可能刮擦、撞击文物的戒指、项链、手表、钥匙、笔、工作证等。鞋子要轻便防滑，走动时降低震动可能带来的风险。并且注意防止飘动的衣服、围巾、头发等意外钩伤器物。

一般情况下，取器物时要一手托稳底部，另一手扶器身。如果体积稍大，用双手从靠近底部的两侧抬起。不可以直接抓器柄、耳等容易折断的部位。盖、塞等部件应与器物分开后，方可拿取。通常用清洁干燥的手来取放器物，皮肤接触能更好地握住器物，不易从手中滑落。对无釉或表面脆弱的陶瓷器（例如：表面镏金装饰），建议戴手套（棉、橡胶）操作，避免手上油脂或酸性物质沾污器表。每人每次只能拿取一件器物，并且移动路径要事先清理，保证通畅无障碍。

对体型较大、多部件组合、质地脆弱易碎的器物，如移动的距离比较远，最好利用大小适中的塑料盒、箱等帮助转移器物。转移箱的底部要铺好聚乙烯塑料、塑料泡沫、无酸纸等，放入器物后，还需在器物四周空隙处塞入纸团等材料来固定器物位置，避免运输时器物受到震动，彼此碰撞。摆放器物时，高长型器物要侧身平躺；组合器物要拆开，分开摆放；小型器要摆在明显位置，不可完全遮盖，也可以将其集中摆放在另一容器内。

2. 包装

为保证运输安全，陶瓷器需要进行防震包装，又称缓冲包装，指为减缓内装物受到冲击和振动，保护其免受损坏所采取的一定防护措施的包装。

(1) 普通陶瓷器

单器包装：首先用无酸纸将器物整体包裹并用胶带固定，然后用轻薄型的塑料气泡膜再包裹一层，用胶带固定。选用牢固的箱子或盒子（如果用无酸纸制作更佳），用封箱胶带加固其外壳，箱子要比陶瓷器稍大约8—10厘米。箱子内底部垫入多层聚乙烯泡沫片或塑料气泡膜后，将包裹好的器物放入箱中。最后，在器物四周上部等空隙处，充分塞入无酸纸团等缓冲材料，盖上箱盖后再用胶带密封。陶瓷器的各部件要分别包装，贴上标签后装箱。接触器物的包装纸不能使用旧报纸，因为油墨会沾染到器表。低质量纸张或塑料泡沫材料会放出酸性有害气体,棉毛类材料的纤维容易勾住器表脆弱部分,均不可直接包裹器物。最后,拆箱时要仔细清点数目,以免将小件器物或组件遗漏在箱内。

多器包装:如果要同时运输多件器物,包装方法更加复杂考究。先用塑料泡沫板加衬箱子四壁。按照器物外轮廓在塑料泡沫块上挖出形状,放入器物后用纸团等材料填充空隙,防止器物移位。用这种方法可在箱子中层层排放器物,每层之间用塑料泡沫板隔开,起到支撑和隔离的作用。重型或大型器物放置在箱子底部,小型器物放置在上部。排放器物时要尽量降低重心,盖子等有时考虑颠倒放置,保护脆弱易损伤的部分。

(2) 考古出土陶瓷(详见第九章)

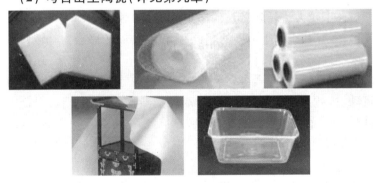

图3　陶瓷器常用包装材料

3. 储存

陶瓷器通常是保存在室内展柜或储藏柜中,这些橱柜分为开放式和封闭式。例如:法国圣丹尼斯的考古单位,采用开放式金属架来存放陈列器物,主要考虑有效利用空间,便于考古学家研究。法国国家陶瓷器博物馆库房基本采取整排封闭式玻璃橱,不仅防尘且一目了然,便于日常管理。

存放文物的橱柜必须要满足结构稳定、设计合理、防盗安全等基本要求。与其他文物相比,陶瓷器橱柜的选择尤其要考虑两方面的问题:一是材质问题,橱柜、隔板、托架等可采用玻璃、合金、塑料等材料,但要避免使用木质材料,尤其是质地不稳定的陶瓷器,木材可能会释放酸性气体等,在相对密闭空间累积起来,严重时会损伤器物表面,例如:木板会释放甲醛气体与不稳定的釉面发生反应。二是防震问题,陶瓷器最多是由于外力冲击导致的损伤,橱柜的自身结构要稳固,避免外界震动产生器物移位产生意外,隔板外缘可以经过特殊设计,防止器物掉落。

陶瓷器在橱柜中的摆放需精心安排:为保护底部免于磨损,器物底部需垫有缓冲材料;大型器物放在后面,小型低矮器物靠前放,便于拿取;避免叠放碗、盘等器物,这会导致下面的器物受压损伤,如果足够结实的器物可以叠放,但彼此之间一定要用缓冲材料隔开。瓷板、瓷砖或陶瓷碎片可采取平铺的方式摆放在抽屉里保存。

4. 展览

博物馆展览中,陶瓷器通常摆放在陈列柜中的水平面上展示。但对器型复杂特殊的陶瓷器,出于安全考虑和展览的要求,通常配备适合的底座或支架来辅助陶瓷器展出,常见类型有底座、托架、挂钩、内撑等,采用塑料(有机玻璃)或金属(包塑或涂层)等材料制成,这些材料具有牢固、轻便、易加工等优点。底座设计的主要考虑是如何帮助固定器物,防止其因外力失去重心,同时避免接触过程中磨损、敲击文物。

(1) 尖底、圜底器物或因受损无法立于平面上的陶瓷器

这类器物可采用落地底座或固定背墙上的圈形托架悬空展示(如图4)。所用材质不但坚硬牢固不变形,能够承受器物的重量,而且还必须耐腐蚀,不会污染器物表面。特别注意的是,与器物接触部位呈圆弧形或包有缓冲材料,不会直接挤压损伤器物。

(2) 盘、盏、砖等平面器

这类器物可以采用落地底座、背墙爪钩、平铺陈列等方式固定器物,有助于观众欣赏器物的完整面貌。使用这些展示方式最容易出现的问题就是:金属材料生锈污染器表;或者固定器物太紧,造成接触面的损伤。为此,有人建议使用可以调节松紧的盘架或者带有凹槽的盘架,并且在接触点垫上海绵等缓冲材料。小型平面器或者陶瓷器碎片可以平铺在展示柜中,也可以采用多抽屉式的柜橱展示(如图5)。

图4 尖底、圜底陶瓷器的陈列展览

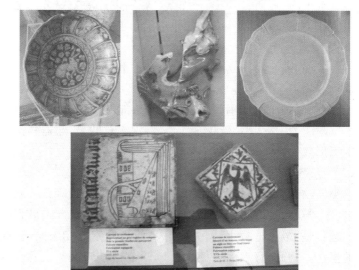

图5 平面陶瓷器的陈列展示

(3)内部中空的器物

将陶瓷器放置在塑料内撑物(已与展台固定)上陈列展出。尤其适合那些重心比较高、自重较轻的器物。对某些底部残缺的陶瓷器也采用这样的方式陈列(如图6)。

(4)露天展出器物

体积过大或形状特殊的陶瓷器,或博物馆复原场景中的陶瓷器,均无法置于展柜中陈列,它们不仅需要安排在远离空调设备、污染源、人行通道、窗户、大门等安全稳定的环境中,还必须配有可靠而且隐蔽的固定装置(如图7)。

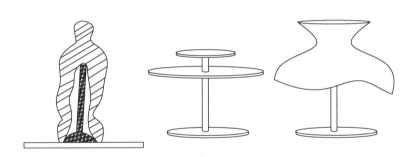

图6 使用内撑支架陈列器物

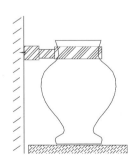

图7 透明有机玻璃装置固定露天展出器物

参考文献

1. Susan Buys, Victoria Oakley, The Conservation and Restoration of Ceramics, Oxford: Butterworth-Heinemann, 1999.
2. Gerald W. R. Ward, The Grove Encyclopedia of Materials and Techniques in Art, New York: Oxford University Press, 2008.
3. Nicole Blondel, Céramique, Paris: Monum, Editions du patrimoine, 2001.
4. 白世贞、郭健、姜华珺:《商品包装学——21世纪商品学专业核心教材》,中国物资出版社,2006年。
5. 王斌义:《现代物流实务》,对外经济贸易大学出版社,2003年。

第十一章 古陶瓷修复材料

第一节 清 洗 剂

古陶瓷器表面或内部的污垢可以分为无机物和有机物两大类：无机物包括金属及其氧化物（如铁锈、铜锈），盐类（如土锈），非金属及其化合物（如砂土）；有机物包括碳水化合物（如淀粉）、蛋白质（如血污）、油脂（如动植物油）、其他有机物（如粘结剂等树脂）等。根据不同的污垢，采用针对性的清洗剂。

一、水

水可以溶解多种盐类（如氯化钠、硫酸钠和多种硝酸盐），且纯水使用安全，对操作者没有任何危险。需要强调的是，某些彩绘陶器的彩绘层在水洗时会受损，不能用水清洗，只能用机械方法剔除污物。天然水总是含有多种杂质，如碳酸氢钙、氯化物等，不能直接用于古陶瓷清洗。推荐使用蒸馏水、合格的纯净水、去离子水。含有可溶性钙盐、镁盐较多的水称作硬水，硬水中的钙盐、镁盐能与肥皂作用生成沉淀而使其失去去污能力，在煮沸时钙镁的酸式碳酸盐还会分解生成水垢，因此许多情况下，硬水必须要软化，除去钙镁盐后才能使用。

二、酸类清洗剂

1. 无机酸

酸类清洗剂可以分为无机酸、有机酸。常用无机酸包括盐酸、硝酸、硫酸、氢氟酸等：

(1) 盐酸： 又称氢氯酸，氯化氢的水溶液，纯的无色，一般的因含有杂质而呈黄色。市场上出售的浓盐酸含37%—38%氯化氢，比重1.19，是一种强酸。使用盐酸作清洗剂，一般使用10%以下的浓度并在常温下使用，避免升温导致产生酸雾。盐酸可以清洗呈碱性的碳酸盐水垢、铁锈、铜锈等，但对硅垢的溶解能力差。对于器物表面的碳酸盐物质，如海中出土的器物上面的珊瑚层，可用10%（或3摩尔浓度）的稀盐酸溶液作为清洗剂，局部清洗可用滴管移液至污染部分，达到清洗目的就行，尽量避免整个器物浸泡在酸液中。

(2) 硝酸： 硝酸是强氧化性酸，对金属氧化物有很强的溶解性，一些用盐酸溶解不了的金属氧化物和垢物可用硝酸溶液来清洗。纯硝酸是无色液体，比重1.5027（25℃），熔点-42℃，沸点86℃，一般带有微黄色。市售的硝酸多为浓硝酸65%（质量），容易分解产生二氧化氮，会对呼吸道、皮肤造成伤害，配制酸液和用酸液清洗文物过程中，务必注意防护。硝酸必须保存在棕色试剂瓶中，在阴凉、避光处密闭保存。清洗一般采用10%或2摩尔浓度的稀硝酸溶液，如要加大清洗速度，可将酸液加热至60℃，如此便能在较短时间内溶解器物表面的盐类污物或传统修复使用的金属锔钉。不过硝酸的强氧化性会损伤釉上彩器物，使用要慎重。

(3) 硫酸： 纯硫酸为无色油状液体。98.3%硫酸，比重1.834。熔点10.49℃，沸点338℃，在340℃时分解。工业品如果含有杂质，则呈黄、棕等色。硫酸通常用于除铁锈，不能溶解含硫酸盐的水垢。硫酸只适合清除污垢含量低的情况，它溶解铁锈的速度也相对较慢。清洗一般采用低浓度硫酸，由95%—98%浓度的浓硫酸稀释后制成。浓硫酸有强烈的吸水作用和氧化作用，稀释硫酸会产生大量的热，因此应将浓硫酸缓慢地注入水中，并且一边加酸一边搅拌使热量及时散去，切勿将水注入硫酸，以防浓硫酸猛烈地飞溅，引起事故。

(4) 氢氟酸： 氟化氢的水溶液。无色易流动液体，在空气中发烟。市场上出售的氢氟酸浓度一般为30%—60%（质量），其蒸汽有强烈的腐蚀性和毒性，能灼伤皮肤，侵蚀玻璃，需贮于铅制、蜡制或塑料制盛器中。氢氟酸清洗液对氧化铁垢、硅垢常温溶解力强而且快，它可与二氧化硅反应并使其溶解。可用1%—2%的氢氟酸清洗含硅污物,操作时须带好橡胶手套、防护面罩或口罩并在通风柜中进行,对扩散到空气中和水中的氟化氢要用氢氧化钠水溶液吸收,再用钙盐与它反应生成不溶性氟化钙沉淀加以回收。

2. 有机酸

常用有机酸包括醋酸、柠檬酸、草酸、甲酸等,可以用于溶解钙类物质或者铁锈等。有机酸的酸性大都较弱,除了利用电离产生的氢离子作用外,往往凭借酸根离子的络合和螯合金属离子的作用,使除垢能力加强,如柠檬酸、草酸都有一定的螯合能力。

(1) 醋酸(乙酸):常温下为无色有刺激性醋味的液体,比重1.049。熔点16.7℃,沸点118℃,溶于水、乙醇和乙醚,属有机弱酸。无水的醋酸在16℃以下结晶成固体,也称冰醋酸,凝固时体积膨大,以致能使容器破裂。普通市售的乙酸含纯乙酸36%,无色透明液体。醋酸溶液容易挥发,也很容易分解,具有杀菌的能力。醋酸对人体毒害作用小,可清洗碳酸盐水垢,但对铁垢无效。一般配制5%—10%醋酸溶液,清洗后器物具有醋的刺鼻气味,须用蒸馏水反复洗涤。

(2) 柠檬酸:柠檬酸是一种较弱的有机酸,可溶解氧化铁、氧化铜等氧化物和碱性沉淀物,例如金属铜钉形成的铜锈和铁锈,但不能用来清除钙、镁垢和硅垢。柠檬酸溶液清除附着物的能力不如盐酸,但使用无危险且方便,清洗时常将其加热到80℃—90℃使用。柠檬酸学名2-羟基丙烷-1,2,3-三羧基酸,广泛分布于植物界中。柠檬酸有两种形式:从热的浓水溶液中得到的半透明无色晶体是无水物,熔点153℃。从冷水溶液中得到的半透明无色晶体是一水物,比重1.542,75℃软化,约100℃熔化。一水物在干燥空气中可失水,溶于水、乙醇和乙醚。

(3) 乙二酸(草酸):以钾盐和钙盐的形式广泛存在于植物中,无色透明晶体。有毒,比重1.653,熔点101℃—102℃,无水物比重1.90。熔点189.5℃(分解),在约157℃时升华。乙二酸是最简单的二元羧酸,无色透明晶体或白色晶体颗粒,溶于水、乙醇、乙醚,具有明显的酸性及还原性,能与许多金属形成溶于水的络合物,可用来去除锈渍。草酸的很多盐是难溶于水的,如钙盐和镁盐,所以不宜在硬水中使用,草酸对铁锈有较好的溶解力,但是对碳酸钙溶解力很差,因为生成的草酸钙不溶于水。

(4) 甲酸(蚁酸):俗名蚁酸,最简单的脂肪酸。无色液体,有刺激性气味,比重1.22。熔点8.6℃,折射率1.3714,沸点100.8℃,酸性较强,有腐蚀性,能刺激皮肤起泡。溶于水、乙醇、乙醚和甘油。具有还原性,易被氧化成水和二氧化碳。甲酸可作为环氧树脂的溶胀剂,用以拆分和清洗环氧粘结剂。酸性比醋酸强,具有强的腐蚀性,操作时必须使用通风柜,并配戴手套与口罩。

三、碱类清洗剂

碱类试剂主要用于清除古陶瓷器上的油污。

1. 氢氧化铵(氨水)

氢氧化铵是氨气的水溶液。氨水不稳定、易挥发,有强烈的刺激臭味,对眼睛、鼻腔有害。工业品为无色液体,约含10%—25%的氨,氨对铜离子具有良好的络合性能,且产物都是易溶的。当用柠檬酸清洗时,清洗过程容易形成柠檬酸铁沉淀而影响清洗效果,因此可在柠檬酸中加入氨水,使铁离子与柠檬酸—铵盐生成溶解度很大的柠檬酸铁铵螯合物。

2. 氢氧化钠

俗名烧碱、火碱、苛性钠。比重2.130,熔点318.4℃,沸点1390℃,吸湿性强的白色透明晶体,能灼伤皮肤,对玻璃有腐蚀性,要用塑料瓶密封存放。氢氧化钠水溶液与动植物油脂发生皂化反应,生成易溶于水的甘油和肥皂,肥皂又是一种表面活性剂,利用其乳化作用,可使未皂化的油污被润湿乳化而从物体表面去除。配制氢氧化钠溶液时,应穿工作服,戴橡皮手套和防护眼镜。

3. 碳酸钠

无水碳酸钠的纯品是白色粉末或细粒,比重2.532,熔点851℃,工业品俗名苏打、纯碱。易溶于水,水溶液呈强碱性,不溶于乙醇、乙醚。吸湿性强,能因吸湿而结成硬块,并能从潮湿空气中逐渐吸收二氧化碳而成碳酸氢钠。碳酸钠水溶液可以使油脂中游离的脂肪酸形成肥皂,利用肥皂的乳化润湿作用使油脂污垢疏松而去除。

4. 碳酸氢钠

又称酸式碳酸钠,俗称重碳酸钠或小苏打、焙烧苏打和重碱。白色晶体,比重 2.20。碱性较弱。

四、表面活性剂

1. 肥皂

肥皂是高级脂肪酸金属盐的总称,通常指高级脂肪酸的钠盐和钾盐,是人类最早用、最通用的表面活性剂。肥皂在水中电离出脂肪酸根阴离子起到表面活性的作用,可以有效去除油污。但是要避免使用硬水,因为肥皂会与硬水中的钙、镁等离子反应生成皂垢,污染清洗表面。

2. 洗洁精

成分包括表面活性剂、泡沫剂、增溶剂、香精、色素等多种化学物质,主要依靠其中所含表面活性剂来去除油腻物质。如不了解洗洁精产品的确切成分,那么正式清洗前须经过试验,注意是否会对低温釉层、镏金等部分造成损伤。

五、氧化剂

难溶于水溶液的污垢可以用氧化剂与之作用发生氧化,使污斑的色素氧化变为无色,从而达到去污的目的,常用的氧化剂有:

1. 过氧化氢

纯的是无色透明液体,比重 1.438。熔点 -0.89℃,沸点 151.4℃,能与水、乙醇或乙醚以任何比例混合。市售产品浓度可在 90% 以上,一般为 3% 和 30% 的水溶液,俗名双氧水,是一种弱酸性溶液,高浓度过氧化氢溶液对皮肤有强烈腐蚀作用。过氧化氢既有氧化性又有还原性,在光热作用下易分解为水和氧,能促使有机污垢分解。在发生氧化分解的同时,反应产生的氧气压力对污垢的解离有促进作用,因此有很好的去污作用。

2. 高锰酸钾

深紫色晶体,比重2.703,熔点240℃,性质稳定易储存,遇乙醇即分解,溶于水即成紫红色溶液。高锰酸钾在水中生成二氧化锰并放出初生态原子氧,能强烈氧化污斑中的色素,然后用还原剂(如亚硫酸氢钠)将棕黑色的二氧化锰还原为无色的硫酸锰,同时可将某些色素还原为无色物,从而可以进一步去污。

3. 次氯酸钠

通常商品出售的是5%—15%的次氯酸钠水溶液,次氯酸钠溶于水后,生成氢氧化钠和次氯酸,次氯酸有很强的刺激性气味,具有强氧化和漂白性能,可去除多种污垢和色斑,对油脂、蛋白质类污垢很有效。次氯酸钠在光的作用下或加热时,分解特别迅速,因此须密封保存于避光处,使用时不要用热水稀释,并做好防护措施,避免刺激皮肤,如沾上可用清水冲洗。

六、螯合剂

1. 乙二胺四乙酸

乙二胺四乙酸(EDTA)是一种文物清洗中常用螯合剂,白色无臭无味、无色结晶性粉末,不溶于冷水、醇及一般有机溶剂,微溶于热水。其碱金属盐能溶于水,一般用乙二胺四乙酸的钠盐代替EDTA(如图1)。EDTA的分子或离子中含有两个氨基氮和四个羧基氧可与金属离子配合生成稳定的水溶性螯合物。

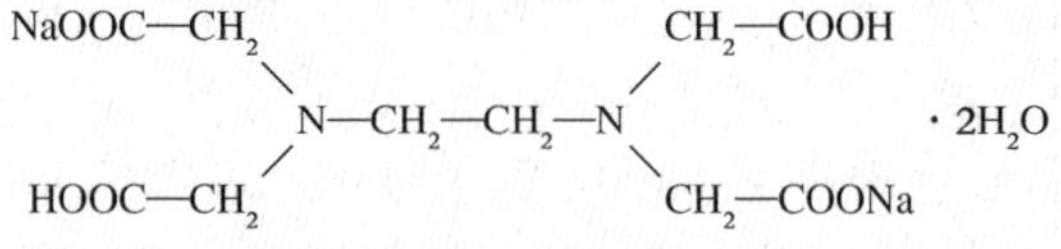

$$\text{NaOOC}-CH_2 \qquad CH_2-COOH$$
$$\qquad\qquad N-CH_2-CH_2-N \qquad\qquad \cdot 2H_2O$$
$$\text{HOOC}-CH_2 \qquad CH_2-COONa$$

乙二胺四乙酸二钠(简式$Na_2H_2Y_2 \cdot 2H_2O$)

图1 乙二胺四乙酸二钠结构式

古陶瓷清洗中,EDTA用于清除陶瓷器表的钙质结壳和金属污斑,它可以与金属离子结合形成可溶性的络合物后,再溶解在水中清除。金属离子的溶解度与溶液的PH值有关:钙离子在PH为13的碱性溶液中,铁离子在 PH 为 4 的酸性溶液中,能够更好地被溶解(如表1)。因此,可以分别选用 EDTA 四钠盐(EDTA-4Na)和 EDTA 二钠(EDTA-2Na)以一定比例溶解在蒸馏水中,制备出碱性或酸性的 EDTA 溶液,用于文物清洗。必须要指出的是,EDTA 要避免使用于胎釉含金属成分的陶瓷器(例如:铅、铁),未经烧制的纹饰,低温釉上彩、金彩,曾经修复过的部位,胎釉脆弱不稳定的器物等。

表1 EDTA 钠盐在水中的溶解度(g/L)

	二钠盐	三钠盐	四钠盐	游离酸
溶解度(22℃)	10.8	46.5	60.0	0.2
溶解度(80℃)	23.6	46.5	61.0	0.5
pH	4.0—5.0	7.0—8.0	10.5—11.5	2.2

七、有机溶剂

1. 乙醇

分子式为 C_2H_5OH,俗称酒精,无色透明、易挥发和易燃的液体,有酒的气味和刺激的辛辣味。比重 0.7893,溶点 -117.3℃,沸点 78.4℃。溶于水、甲醇、乙醚和氯仿等。乙醇蒸汽与空气混合能形成爆炸性混合物,爆炸极限为 3.5%—18.0%(体积)。乙醇能溶解许多有机化合物和若干无机化合物。

2. 丙酮

分子式为 CH_3COCH_3,无色易挥发和易燃的液体,有微香气味。比重 0.7898,熔点 -94.6℃,沸点 56.5℃。折射率 1.359(20℃),闪点 -20℃。丙酮对许多有机化合物都有溶解能力,能溶解油、脂肪、树脂和橡胶,是一种溶解范围较广的优良溶剂。丙酮蒸汽与空气混合形成爆炸混合物,爆炸极限为 2.55%—12.8%(体积),属于易爆溶剂。

3. 乙酸乙酯

$CH_3COOC_2H_5$ 又名醋酸乙酯。无色可燃性液体,有水果香味。比重 0.9005。熔点 -83.6℃,沸点 77.1℃。易着火,微溶于水,溶于乙醇、乙醚、氯仿和苯等。易起水解和皂化作用。蒸汽与空气形成爆炸性混合物,爆炸极限 2.2%—11.2%(体积)。

第二节　粘结剂、加固剂、上色介质

一、环氧树脂

环氧树脂是含有环氧基团的树脂的总称,主要由环氧氯丙烷和多酚类(如双酚 A)等缩聚而成,与多元胺、有机酸酐或其他固化物等反应变成坚硬的高分子化合物,无臭、无味,耐碱和大部分溶剂。用作粘结剂,俗称万能胶,具有优良的粘结强度、固化后收缩率小,耐化学药品和电绝缘性较好等特点。

产品:AAA 超能胶、Araldite 系列产品等。

二、α-氰基丙烯酸酯

为单组分的稀薄液体,常温下经过几秒到几分钟就可快速固化。除聚乙烯、聚丙烯、氟塑料和有机硅树脂外,几乎对各种同类材料或异种材料都能粘合,并有良好的粘结性能。缺点是固化速度快、不适宜大面积粘合。且粘结剂较稀薄,容易流散。耐水耐碱性差,挥发的气体对眼睛、鼻粘膜有刺激作用,使用时要小心。为达到最高粘结强度,粘结后最好室温放置 24 小时,如在 70℃—100℃加热处理,强度还可以提高 15% 左右。粘结剂需用冰箱储存。

产品:501 胶、502 胶、506 胶、Scotch、Super Glue 等。

三、丙烯酸酯树脂

代表性产品是广泛应用于文物保护修复领域中的专业粘结剂 Acryloid B-72 或 Paraloid B-72,是以甲基丙烯酸乙酯和丙烯酸甲酯的共聚物为主要成分的热塑性树脂。该产品为固体颗粒,需要溶解在丙酮等溶剂中使用,溶剂挥发后干燥固化。突出的优点有:一是具有可逆性,固化后可用溶剂溶解除去;二是能够长期保持原有的色泽,耐紫外线照射不易变黄。该产品是国际上广泛使用的文物保护修复专用材料。

产品:Paraloid B-72、Paraloid B-44 等。

四、聚醋酸乙烯酯(PVAC)

聚醋酸乙烯酯/聚乙酸乙烯酯(PVAC)是醋酸乙烯酯聚合而成的无色透明固体,为文物保护中常用的热塑性树脂,可作为粘结剂、加固剂、封护涂料,用于各种非金属文物,如:骨、牙、壳、角、齿、石、木、纸、皮革、织物、陶瓷、化石、植物标本等。其特点如下:光稳定性好,颜色不易变黄;溶于诸多有机溶剂,具有可逆性。日久虽然会发生交联和氧化,但仍能保持其可溶性。玻璃化温度(T_g)接近室温,易受热变粘,粘附灰尘或发生"冷流",即器物在自重作用下胶结层逐渐发生偏离的情况。

PVAC 分为溶剂型和乳液型两类:溶剂型是将 PVAC 粉末状晶体溶于有机溶液后制成,可以用作陶器的粘结剂,但是在高温高湿条件下会发生脱胶,只能用于临时性的粘结。乳液型 PVAC 呈乳白色粘稠液体,清洁、无毒、无刺激,使用便利,价格低廉,固化后可用热水软化或有机溶剂溶解清除,比 PVAC 有机溶液使用更普遍,尤其适合考古出土的潮湿器物。

产品:UHU、GIOTTO、BIC、熊猫牌白乳胶等。

五、硝酸纤维素

硝酸纤维素是较早用于文物保护的粘结剂之一,溶解在丙酮、酒精的混合物中使用。虽然老化后易变脆、变黄、收缩、释放酸性气体等,但是由于其使用方便、相对无毒、具可逆性、价格低廉等优点,许多专家还是习惯用来粘结低温软质陶器,或配合其他粘结剂使用。

产品:HMG、Duco Cement、Imedio Banda Azul 等。

六、虫胶

虫胶又名紫胶或紫草茸，一种天然树脂。由寄生于虫胶树上的紫胶虫吸食和消化树汁后的分泌液在树枝上凝结干燥而成。紫红色。经精制后成黄色、棕色、白色的虫胶片。成分主要是光桐酸为主的羟基脂肪酸和以紫胶酸为主的羟基脂环酸以及它们的酯类的复杂混合物。溶于乙醇和碱性溶液，微溶于酯类和烃类。虫胶片溶于乙醇可以制成棕色半透明液体的虫胶清漆，俗名泡立水或淡金水，涂刷后迅速干燥，留下一层紫胶的薄膜，具有优良的硬度和电绝缘性，并可以抛光打磨而显出光亮的色泽，但膜质较脆，耐热性和耐气候性也较差。

七、丙烯酸酯乳液

丙烯酸酯乳液是丙烯画颜料的介质，是由丙烯酸酯、甲基丙烯酸酯、丙烯酸、甲基丙烯酸等单体经乳化剂及引发剂共聚而成的乳液。丙烯介质在液态时为乳白色，干燥后形成无色透明、坚固有柔韧的薄膜。乳液可用水稀释，当湿润未干时，可用水溶解洗去，但若完全干燥后成膜，就不再溶于水。丙烯酸酯乳液为热塑性材料，其硬度与弹性受到温度变化的影响，温度升高涂层会变软、变粘。其理想的操作环境：温度20℃—30℃，相对湿度75%以下，低于9℃的工作环境不利于丙烯介质成膜。

八、脲醛树脂

脲醛树脂是尿素与甲醛在催化剂（碱性催化剂或酸性催化剂）作用下，缩聚成初期脲醛树脂，然后再在固化剂或助剂作用下，形成不溶、不熔的末期树脂。脲醛树脂的优点在于能够形成脆硬的涂层，固化后可以打磨和抛光，也能层层堆积，很好地模拟陶瓷器的釉面。其缺点是不耐老化，而且性质危险有害，需要在有通风设备的环境下操作。

产品：Rustin's Plastic Coating（如图2）。

图 2　Rustin's Plastic Coating

九、聚氨酯树脂

聚氨酯树脂是多异氰酸酯和多羟基化合物反应而成。具有较高的极性与反应活性,可产生较强的化学粘结力。使用时能很好地与颜料混合,采用松香水作稀释剂延长工作时间。聚氨酯树脂的物理机械性能好,涂膜坚硬、光亮、丰满、附着力强,可打磨和抛光,还具有耐腐蚀、耐低温、耐水解、耐溶剂以及防霉菌等优点。聚氨酯树脂的缺点是容易受光照而变黄,树脂逐步老化变为不溶,但可用二氯甲烷类的脱漆剂溶胀后清除,聚氨酯类产品含二甲苯等有毒溶剂,必须在有通风设备的场所操作。聚氨酯树脂可以和丙烯酸酯漆混用,可提高后者的硬度。

十、聚酯树脂

通常指不饱和聚酯树脂,即以不饱和聚酯树脂为主体,加入引发剂(有机过氧化物)、促进剂(苯乙烯)、改性剂和填料等配成的无溶剂型粘结剂,可在常压下室温或加热固化。非饱和聚酯树脂可以作为粘结剂和填充材料使用。不饱和聚酯树脂粘结剂具有粘度低,工艺性好,常温固化,固化速度较快,固化时不产生副产物,使用方便,胶层硬度大,耐磨、耐酸、耐碱性好,具有一定强度,价格低廉等优点。缺点是固化时收缩率大,有脆性,抗冲击性差,耐湿热老化性差。施工时挥发出的苯乙烯与有机过氧化物会损伤神经系统和肝脏,刺激呼吸道系统和眼睛,因此所有操作必须在通风橱中进行,未固化的树脂不能接触皮肤,要佩戴护目镜和手套进行操作。

聚酯树脂粘结剂比较适合用于器型较大,碎片茬口崎岖不平的陶瓷器,但是无法像环氧树脂粘结剂那样形成很薄的胶层。聚酯树脂粘结剂固化较快,大约10分钟就能初步固化。有些更稠的快速固化的聚酯树脂产品不仅固化快,而且胶体不会被吸收到多孔胎体内,避免在器物上形成污斑。低粘度的聚酯树脂液体是翻模时很好的浇注材料,使用前略有蓝紫色,固化后为无色透明。聚酯树脂液体浇注前可以加入颜料,也可以等固化后打磨修正后上色。也可以添加二氧化硅等填料来改变树脂的质地,但这些添加物会影响树脂固化的速度(通常延缓固化时间)。聚酯树脂也有含填料的膏状产品,主要用于填补。这些产品最大的优点是固化速度快,几分钟内即可固化,而且混合后可以用丙酮润滑,完全固化后很容易用手术刀修整。

产品：Plastic Padding、David's Isopon P38、Marine Filler、F. E. W、云石胶

第三节 配补材料

一、填补材料

1. 石膏

自然界存在有天然的无水石膏($CaSO_4$)和二水石膏($CaSO_4 \cdot 2H_2O$)。天然二水石膏又称作生石膏、软石膏或简称石膏。天然无水石膏比二水石膏致密,质地较硬,又称硬石膏。市场上出售的石膏是由天然二水石膏经加热脱水生成的半水石膏($CaSO_4 \cdot 1/2H_2O$),又称作熟石膏。天然二水石膏在加工时随温度和压力等条件的不同,会得到两种不同的石膏:α型半水石膏(高强石膏)、β型半水石膏(建筑石膏)。α型与β型半水石膏加水拌和后,均能很快地凝结硬化。

α型半水石膏：也称作人造石,被磨成白色粉末后称为高强石膏。结晶颗粒较粗,比表面积小,需水量相对较少,硬化后具有较高

的密度和强度,凝固膨胀小。初凝时间不早于3分钟,终凝时间不早于5分钟,不迟于30分钟。**β型半水石膏**:被磨成白色粉末后称为建筑石膏,其中杂质较少、色泽白或呈灰色、磨得较细的产品称为模型石膏。结晶度较差,常为细小的纤维状或片状聚集体,比表面积较大。需水量大,制品孔隙率较大、强度较低。初凝时间不早于6分钟,终凝不迟于30分钟。

石膏浆体制备时的工艺因素如水固比、液体和环境温度、搅拌时间等均对硬化体的结构强度产生影响。

水固比:配制石膏浆体时,为便于成型,浆体一定要有良好的流动性,故在确定水固比时,其加水量远远超过半水石膏转化为二水石膏的理论需水量。剩余水分在胶凝过程中以自由水形式滞留于结晶网的结构中,在硬化体干燥过程中蒸发,最终在硬化体中形成孔隙,孔径愈大、孔隙率愈高,硬化体的强度亦愈低。

拌和时间:拌和石膏浆体直接影响石膏硬化体的性能。在浆体开始凝结之前,拌和时间增加,硬化体的强度不断提高,因拌和时间延长能促进半水石膏溶解。有利于浆体中气体的排除,使浆体的均匀性更高,这些均对提高强度有利。但是如果石膏浆体开始凝固后,继续拌和强度会逐渐下降,原因是凝结时析出的晶体,由于搅动难以连成结晶结构网,故强度不但不能提高反而会明显下降。

温度:实验表明,20℃时的硬化体的强度要低于60℃时候的值。这是因为温度低时,过饱和度就大,虽然有利于二水石膏结晶结构的形成,但是继续增加的水化物会产生结晶应力,导致结构强度的下降。

二、填料

1. 白炭黑

是无定形二氧化硅,为白色粉末物质,极易吸附环境中的水分而受潮。白炭黑可以分为沉淀白炭黑(沉淀二氧化硅 Precipitated Silica)和气相白炭黑(气相二氧化硅 Fumed Silica)两类,沉淀白炭黑的化学式为 $SiO_2 \cdot nH_2O$,又称水合二氧化硅,SiO_2 含量 87%—95%。气相白炭黑则称无水二氧化硅,SiO_2 含量 99.8% 以上。气相白炭黑可以修复薄胎透明度高的瓷器,使用时要注意防护,避免吸入口鼻。

2. 碳酸钙

自然界存在于石灰石、方解石、白垩土等矿石中,也存在于文蛤、牡蛎等贝壳中。为无臭无味的白色晶体或粉末,不溶于水及乙醇,溶解于酸液并放出二氧化碳,也溶于氯化铵溶液及含二氧化碳的水中,在空气中稳定。有轻微吸潮性,无毒。长时间吸入其粉尘有可能造成肺气肿及尘肺。也叫石灰石、大理石粉、白垩、老粉,分子式为$CaCO_3$。

3. 滑石粉

也叫氢氧化硅酸镁、叶硅酸盐、含水硅酸镁,分子式为$Mg_3(Si_4O_{10})(OH)_2$或$3MgO \cdot 4SiO_2 \cdot H_2O$。白色、浅灰色或浅黄色粉末,玻璃光泽、质地柔软、有滑腻感。比重2.7—2.8,硬度1。微溶于稀无机酸,不溶于水和乙醇。化学性质稳定,有较好的耐酸碱性、耐火性、绝热性和电绝缘性。耐火温度达1490℃—1510℃。还具有亲油疏水性及吸附性、易粘附于皮肤上。

4. 高岭土

又称高岭粘土,俗称瓷土,是一种以高岭石为主要成分的粘土,常含有大量的埃洛石,少量的蒙脱石、水云母、石英等。因含有各种杂质,颜色各异,以白色、灰色、黄色为主,多呈致密块状和土状。具有强可塑性和粘结力,高耐火度(熔点约1735℃)和烧结度,良好的绝缘性和化学稳定性,是在湿热气候条件下由铝硅酸盐类矿物(主要是长石)风化而成。

5. 石英粉

主要成分为二氧化硅,由天然石英石经粉碎、水漂、干燥、过筛制成的白色或灰白色粉末。不溶于水及酸,溶于碱溶液。相对比重2.64—2.65,无毒、无味,具有硬度高、不吸水、耐热、耐酸、耐磨、耐老化等特点。

三、印模材料

1. 印模蜡

商品名叫做红蜡片,主要成分有石蜡、蜂蜡、地蜡、棕榈蜡等。有三种类型,分别可在夏天、冬天、一般气候条件下使用。国产的产品夏用蜡为46℃—49℃,常用蜡为38℃—40℃。

2. 印模膏

印模膏是一种加热软化、冷却后硬固的可逆非弹性印模材料,其商品名为打样膏。印模膏的主要成分是萜二烯树脂,辅以填料、润滑剂、颜料等组成。萜二烯树脂是一种天然树脂,萜烯树脂软化时粘度小、流动性大,常常加入填料起赋形作用,加入硬脂酸调节材料的可塑性及韧性和软化点。印模膏的导热性差,材料达软化温度时,表层虽然软化但内部仍是硬的,因此须令软化温度维持一定时间,让材料完全均匀受热至全部软化方可使用。印模膏加热到70℃左右变软,其热传导性能差、无弹性、温度收缩性大、易变形。为可逆性材料,能反复使用,若使用时间过久,由于硬脂肪酸成分丢失,材料趋于硬化则无法使用。

3. 硅橡胶

硅橡胶分为室温硫化硅橡胶(RTV)和高温硫化硅橡胶(HTV)两种,通常采用室温硫化硅橡胶,需混合催化剂后固化。

四、打磨材料(工具)

1. 手术刀

手术刀由刀柄和可装卸刀片两部分组成。刀柄为不锈钢材质,根据其长短及大小来分型,刀片的型号要与刀柄匹配才能安装。手术刀锋利灵巧,适合用于清洗或配补操作中的切割与刮削。

2. 剃须刀片

指钢或不锈钢双面剃须刀片,该类刀片有弹性、可弯曲,能贴合器物的弧形表面,刮削的同时不会损伤釉面,很适合用于有釉瓷器。

3. 整形锉

各类适当规格和形状的金属锉刀。锉刀通常只能做大致的修整,之后还需采用其他方法进行精细打磨或抛光。

4. 砂纸

包括各种型号的金刚砂纸、木砂纸、氧化铝耐水砂纸、金相砂纸等，通常先使用较粗的型号打磨，依次使用较细的型号。我国传统的磨料规格为"F"粒度规格，国外流行的是"P"粒度规格，磨料粒度数越大，磨料越细。

（1）干磨砂纸（木砂纸）：木砂纸是以纸为基体，以动物胶为粘结剂，将人造或天然磨料粘附于基体而制成的一种磨具，因它常用于木工的打磨与抛光，故又称为木砂纸。我国的木砂纸主要以牛皮纸为基体，动物胶（以骨胶为主）作粘结剂，以玻璃砂为磨料。

（2）耐水砂纸：又称水磨砂纸或水砂纸，是因为在使用时可以浸水打磨或在水中打磨而得名，耐水砂纸采用耐水纸为基体，油漆或树脂为粘结剂，刚玉或碳化硅为磨料，加工精度较高。

（3）金相砂纸：是一种细粒度砂纸，其名称来源于它的主要用途是加工金相试片，它还能用于光学玻璃的加工、金属零件，如精密仪器、仪表量具和刀具的抛光，以及高级油漆面的抛光。金相砂纸的磨料一般为白刚玉或者绿碳化硅微粉。一般为非耐水产品，用于干磨抛光。

5. 砂条

砂条不仅磨料规格不同，且有圆形、方形等不同形状适用于不同操作面。

6. 海绵锉

指表面含有陶瓷微粒的海绵块，握持方便、无需用大力。这类产品通常用不同颜色表明海绵锉的粗细，并且将不同粗细的海绵锉制作在一起，极大地方便了打磨工作。

第四节　颜　　料

综合颜料的耐光性以及颜料变色的诸多原因，为保证颜料层的色泽，避免修复部分的变色，应尽可能选择无机颜料。考虑到使用的安全性，还需排除一些对人体有害的颜料，因此可在古陶瓷修复中使用的颜料包括如下：

一、白色颜料：钛白、锌钛白

1. 钛白

极为稳定的白色颜料，常温下几乎不与其他元素或化合物作用，对氧、硫化氢、二氧化硫、二氧化碳和氨都是稳定的。白度、着色力、遮盖力、耐候性、耐化学品性均优于其他常用白色颜料。

2. 锌钛白

在钛白中加入少量锌白，其中所含锌白具有防霉、防止粉化的作用。结合了钛白和锌白的优点。

要避免铅白（碱式碳酸铅），因为其中含铅，有毒性，与含硫颜料混合会导致变色。

二、黄色颜料：铁黄、镉黄、钛镍黄

1. 铁黄

是黄色颜料中性能最为稳定耐久的，现在多为合成颜料，有较好的耐光性、遮盖力和着色力，但与含硫化物的颜料混合会发生变色。

2. 镉黄

成分为硫化镉或硫化镉和硫化锌的混合物。是遮盖力、着色力和耐光性最好的颜料之一，包括了从柠檬黄、淡黄、中黄、深黄到橘黄的各种标准黄色色相。

3. 钛镍黄

很稳定的颜料，耐热、耐酸碱，不会与其他颜料或者介质发生反应。

要避免使用铬黄，铬黄含铅量高、毒性大，遇到含硫化物的颜料如群青、锌钡白等会明显变黑，遇到碱性物质则变为橙红色。

三、红色颜料：铁红（氧化铁红、土红）、镉红

1. 铁红

是最常见的氧化铁系颜料，具有很好的遮盖力、着色力、耐化学

性、保色性和分散性。但是遇硫化物容易引起颜色变化。

2. 镉红

主要成分为硫化镉和硒化镉,具有橘红、朱红、大红和深红等各种标准色相,是遮盖力、着色力和耐光性最好的红色颜料之一。与铅、铁、铜的颜料混合可能发生发黑现象。镉对人体有轻微危害,须避免吸入粉尘,危害健康。

要避免朱砂颜料,因其含有硫化物的成分,在遇到含铅、含铁的颜料容易引起变色发黑。

四、绿色颜料:氧化铬绿、氧化翠铬绿、灰绿

1. 氧化铬绿

是极稳定的绿色颜料,耐光、耐热、耐各种化学品;色泽暗淡,着色力不高。

2. 氧化翠铬绿

即水合氧化铬,较氧化铬绿鲜艳,耐光、耐候性均甚佳,但200℃以上就失去结晶水。

3. 灰绿

也称作绿土,原料为天然的绿色粘土,从罗马时期以来就作为绘画颜料。天然绿土色彩沉着、透明度好,但着色力与遮盖力不佳。

以下的绿色颜色要避免或者慎选:

1. 铅铬绿

由铅铬黄与普蓝或酞菁蓝混合而成,应用广泛、价格低廉,但稳定性不太好且含有铅毒成分。

2. 钴绿

包括钴铬绿和钴钛绿,耐光、耐候、耐热、耐酸碱性能突出,色泽不太鲜明、着色力和遮盖力均属一般,有毒。

3. 镉绿

镉黄和酞菁蓝拼混的复合绿色,由于镉黄和酞菁蓝都是性能优良的颜料,因此镉绿的耐光性和着色力也很好,但颜料有毒。

五、蓝色颜料：群青、铁蓝（普蓝）、钴蓝

1. 群青

多成分的无机颜料，分子式 $Na_6Al_4Si_6S_4O_{20}$，色彩清新艳丽，与青花釉颜色接近、耐光力强、耐碱、耐高温。但群青不耐酸，与含铅、铜和铁的颜料混合，容易导致变色。

2. 铁蓝

属于耐光性较好的颜料，有很高的着色力，但耐酸不耐碱，遇碱性物质颜色就会分解褪色成棕褐色。

3. 钴蓝

着色力和覆盖力都不很强，但颜色鲜明，有极优良的耐候性、耐酸碱性，能耐受各种溶剂，可与各类颜料相混合。

六、棕色颜料：氧化铁棕、赭石、深赭、生褐、熟褐、马斯棕

1. 氧化铁棕

即铁棕，天然氧化铁棕是由富含氧化铁成分的天然矿石加工而成。但是与含硫颜料混合会产生色彩变化。

2. 赭石

由富含铁元素的赭色矿石加工而成，成分也是氧化铁。

3. 深赭

天然煅烧土中加入骨黑。

4. 生褐

现代生褐颜料为合成氧化铁和黑色的拼混色。

5. 熟褐

由天然棕土煅烧而成。

6. 马斯棕

由氧化铁黄和铁红拼混而成。

以上这类颜料皆属于氧化铁系列颜料，耐久性、分散性、遮盖力、耐热性、耐化学性和耐碱性都很好。

七、黑色颜料：炭黑、氧化铁黑

1. 炭黑

也叫灯黑，成分是碳，颜料黑度深、遮盖力强、色相冷暖适中。

2. 氧化铁黑

也称铁黑、马斯黑。成分是合成氧化铁。氧化铁黑性能稳定，具有很强的遮盖力、耐光力也很好。

表2汇总了各色耐光力优异的无机颜料，推荐在调色中使用。

表2 耐光力优异的无机颜料

	颜料名称	化学成分	耐光力标准	说明
白色颜料	钛白	二氧化钛（金红石、锐钛矿型2种）	BSS-1006:8 ASTM-D4302:I	金红石型钛白耐候性能佳，不易变黄或粉化；锐钛型钛白白度好，偏冷，耐光与耐风化性能略差。
	锌钛白	氧化锌 二氧化钛	BSS-1006:8 ASTM-D4302:I	在钛白中加入少量锌白，结合了两者之长，是最佳的白色绘画颜料。
黄色颜料	铁黄（氧化铁黄、土黄）	氧化铁	BSS-1006:8 ASTM-D4302:I	避免与含硫、含铅的颜料混合。
	镉黄	硫化镉 硫化锌	BSS-1006:7 ASTM-D4302:I	避免与含铅、铁、铜或铜盐的颜料相混合，颜色易发黑或发绿。镉黄有一定毒性，镉粉尘对人体有害，不宜做固体颜料或喷绘。
	钛镍黄	镍钛酸盐	BSS-1006:7 ASTM-D4302:I	耐光性佳，色浅，着色力较低。
红色颜料	铁红（土红、氧化铁红、红赭石）	氧化铁	BSS-1006:8 ASTM-D4302:I	避免与含硫化物的颜料混用。
	镉红、镉桔红	硫化镉 硒化镉（硒化物越多越红）	BSS-1006:7 ASTM-D4302:I	避免与含铅、铁、铜的颜料混合；有毒，避免吸入粉尘。

续表

	颜料名称	化学成分	耐光力标准	说明
绿色颜料	氧化铬绿（铬绿）	氧化铬绿	BSS-1006:8 ASTM-D4302:I	无毒,着色力一般,性能非常稳定。
	氧化铬翠绿（翠绿）	水合氧化铬绿	BSS-1006:7 ASTM-D4302:I	无毒,有较好的耐光力,是主要的透明深绿色。
	灰绿（绿土）	可变组成的硅酸碱-铝-镁-铁	BSS-1006:7-8 ASTM-D4302:I	性能很稳定,但加热会变成红棕色。
蓝色颜料	群青	硫酸钠和硅酸铝合成	BSS-1006:8 ASTM-D4302:I	避免与酸性物质接触;避免与含铅、铜和铁的颜料混合。
	铁蓝（普蓝、铜蓝、普鲁士蓝）	亚铁氰化物	BSS-1006:7 ASTM-D4302:I	着色力强,加入白色后耐光力下降;与碱性物质反应,色彩分解褪色呈棕褐色。
	钴蓝	铝酸钴	BSS-1006:7-8 ASTM-D4302:I	耐光、耐强酸强碱;在油性颜料中焦脆,不宜涂厚,有毒。
棕色颜料	氧化铁棕	氧化铁	BSS-1006:8 ASTM-D4302:I	避免与含硫化物的颜料混用。
	生褐			
	熟褐			
	赭石			
	生赭			
	马斯棕			
黑色颜料	碳黑（灯黑）	碳	BSS-1006:8 ASTM-D4302:I	在油性媒介中干燥速度慢。
	氧化铁黑（铁黑、马尔斯黑）	氧化铁	BSS-1006:8 ASTM-D4302:I	避免与含硫化物的颜料混用。

注:BSS-1006 为国际日晒牢度蓝色毛织品标准;ASTM-D4302 为美国材料试验协会艺术材料标准。(BSS-1006 列为 7 级以上、ASTM-D4302 列为 I 表示具有优异的持久耐久力;BSS-1006 列为 5—6 级、ASTM-D4302 列为 II,表示有良好的耐光力、较厚稠度情况下能保持长久;BSS-1006 列为 3—4 级、ASTM-D4302 列为 III,表示耐光力较差,不具有持久性;BSS-1006 列为 2 级、ASTM-D4302 列为 IV—V,表示短时间内严重褪色,不可用于绘画颜料。)

有机颜料中,酞菁颜料非常稳定,其耐光性和着色力等性能优异。作为稳定而耐光的蓝色和绿色颜料,铜酞菁及其衍生物是无与伦比的。但是在黄色到红色的有机颜料范围中，就不存在具有如此统治地位的颜料。

表3罗列了不宜调和的颜料，调色时须注意避免。

表3 不宜调和的颜料

成分	颜料	不宜调和成分	不宜调和颜料	后果
锌钛颜料	白色系列	偶氮颜料 色淀颜料	湖蓝-玫瑰红等色淀颜料系列； 柠檬黄-紫红的黄红偶氮颜料系列	褪色 渗色
氧化铁颜料	土黄、土红、褐赭类	含硫化物的颜料	镉红、镉黄、群青、朱磦	变色 变黑
铅化合物颜料	铅白、铬白、铬红、铬铬绿等	含硫化物的颜料	镉红、镉黄、群青、朱磦	变黑
含铜、铁、铅的颜料	铅白等	含硫化物的颜料	群青、银朱、朱磦、镉红	变黑

参考文献

1. 马世昌主编：《化学物质辞典》，陕西科学技术出版社，1999年。
2. 王箴主编：《化工辞典第四版》，化学工业出版社，2000年。
3. 朱洪法主编：《精细化工常用原材料手册》，金盾出版社，2003年。
4. 地质矿产部地质辞典办公室编：《地质辞典（二）矿物岩石地球化学分册》，地质出版社，1981年。
5. 周公度主编：《化学辞典》，化学工业出版社，2004年。
6. 周公度主编：《大学化学词典》，化学工业出版社，1992年。
7. 梁治齐主编：《实用清洗技术手册》（第二版），化学工业出版社，2005年。
8. 程能林编著：《溶剂手册》，化学工业出版社，2002年。
9. 钱觉时主编：《建筑材料学》，武汉理工大学出版社，2007年。
10. 高以熹等编著：《石膏型熔模精铸工艺及理论》，西北工业大学出版社，1992年。
11. 西安建筑科技大学等编：《普通高等教育土建学科专业十五规划

教材/建筑材料(第三版)》,中国建筑工业出版社,2004年。
12. 钟果成主编:《口腔修复学》,人民卫生出版社,1998年。
13. 施斌主编:《活动义齿修复》,湖北科学技术出版社,2003年。
14. 王锡春、包启宇:《汽车修补涂装技术手册》,化学工业出版社,2001年。
15. 刘同和等:《建筑工人技术系列手册——油漆工手册(第三版)》,中国建筑工业出版社,2005年。
16. 张惠民主编:《普通磨料制造》,中国标准出版社,2001年。
17. 刘蒲生等编著:《磨具选择与使用》(增订本),机械工业出版社,1985年。
18. 徐全祥主编:《合成胶粘剂及其应用》,辽宁科学技术出版社,1985年。
19. 魏庆曜主编:《现代轿车修补涂装实用技术》,人民交通出版社,2003年。
20. 杨中正编著:《无机胶凝材料》,河南医科大学出版社,2008年。
21. 朱骥良、吴申年主编:《颜料工艺学》,化学工业出版社,2002年。
22. 邹文俊主编:《涂附磨具制造》,中国标准出版社,2002年。
23. 华勇、李亚萍主编:《高等学校磨料磨具磨削材料——磨料磨具导论》,中国标准出版社,2004年。
24. 机械工程标准手册总编委员会编:《机械工程标准手册·磨料与磨具卷》,中国标准出版社,2000年。
25. 周雄辉、彭颖红等编:《现代模具设计制造理论与技术》,上海交通大学出版社,2000年。
26. 虞福荣编著:《橡胶模具设计制造与使用(修订版)》,机械工业出版社,2004年。
27. 李晓平编著:《木材胶粘剂实用技术》,东北林业大学出版社,2003年。
28. 巫俊等:《油画》,安徽出版社,2009年。

编后的话

我国文物工作的方针是"保护为主、抢救第一、合理利用、加强管理",文物保护和修复工作占有重要的地位。但是长期以来,我国因为缺少具有现代理念的古陶瓷修复教材,妨碍了相关教学顺利进行。笔者希望,本书能在一定程度上填补这一空白。

复旦大学文物与博物馆学系(简称文博系)在古陶瓷修复教学方面已经有二十多年的历史。1986—1991年间,文博系邀请上海博物馆古陶瓷修复专家胡渐宜和蒋道银先生讲解古陶瓷修复基础知识,并安排学生参观上海博物馆、组织短期实习,为文博系启动相关的教学和研究打下了基础。1993年,文博系开设本科生选修课"古陶瓷修复",胡、蒋两位先生又到校讲授专题,逐步建立和完善文物修复实验室。2002年,邓廷毅先生加盟教学组,带来了快速配色、打底、上色、作旧等一系列的研究成果,并共同完成"清代将军罐"、"清代釉里红罐"等较大型贵重器物的美术修复任务。2004年,文博系开设本科生选修课"文物修复"(以教授古陶瓷修复技术为主),先后由文博系杨植震、俞蕙老师主讲,并邀请沪上知名古陶瓷修复专家邓廷毅先生指导教学。该课程开设以来,一直受到复旦大学同学的热烈欢迎,常常是选课"爆满",学生的课程评分也居文博系专业课程的前列。1997年文物保护实验室在复旦大学校内教学实验室评比中荣获三等奖,2007年文物保护与修复的教学又荣获复旦大学教学成果奖二等奖,这些奖项充分肯定了文博系多年"古陶瓷修复"教学所取得的成绩。

我们感谢复旦大学校领导、教务处、文博系领导的大力支持,2003年文博系"文物保护实验室"被列入本科生教学实验室建设项目,领导的支持为修复工作顺利开展提供了必要条件。也感谢胡渐宜、蒋道银、邓廷毅、于爱萍等古陶瓷修复专家,多年来对文博系教学工作的指导,尤其是邓廷毅先生,他同意本书使用他主持修复的器物的照片;感谢高分子科学系的叶锦镛、余英峰等几位老师,和我们联合指导该系三位本科生的毕业论文,使得我们对于环氧树脂粘结剂的认识明显提高。还要感谢巴黎第一大学文物保护修复专业的师生,他们完善的理论系统、先进的材料技术,开拓了笔者的视野,极大充实了本书的内容。此外,还要感谢浙江省奉化、安吉、萧山的文物单位提供适当的古陶瓷样品;复旦大学文博系学生和进修生为古陶瓷修复研究倾注了大量的劳动,其中硕士研究生、"莙政学者"、"望道学者"和撰写毕业论文的本科生近十名同学参加了实验室的研究工作,没有上述单位和个人的支持,本书不能达到现在的水平。

最后,对"复旦大学出版资助基金"对于本书出版的大力支持,深表致谢!

复旦大学　文物与博物馆学系
杨植震　俞蕙
2011年6月

图书在版编目(CIP)数据

古陶瓷修复基础/俞蕙,杨植震编著.—上海:复旦大学出版社,2012.9(2024.1重印)
ISBN 978-7-309-08800-7

Ⅰ.古… Ⅱ.①俞…②杨… Ⅲ.古代陶瓷-器物修复 Ⅳ.G264.3

中国版本图书馆 CIP 数据核字(2012)第 055302 号

古陶瓷修复基础
俞 蕙 杨植震 编著
责任编辑/余璐瑶 盛 亮

复旦大学出版社有限公司出版发行
上海市国权路 579 号 邮编:200433
网址:fupnet@fudanpress.com http://www.fudanpress.com
门市零售:86-21-65102580 团体订购:86-21-65104505
出版部电话:86-21-65642845
上海新艺印刷有限公司

开本 890 毫米×1240 毫米 1/32 印张 5.25 字数 143 千字
2012 年 9 月第 1 版
2024 年 1 月第 1 版第 8 次印刷

ISBN 978-7-309-08800-7/G·1065
定价:32.00 元

如有印装质量问题,请向复旦大学出版社有限公司出版部调换。
版权所有 侵权必究

图 1 使用丙烯酸酯色漆上色

图 2 使用聚醋酸乙烯酯乳液作为上色介质

图3 使用丙烯酸酯乳液为上色介质

图4 以环氧树脂为上色介质

图5 12色相环　　　　　　　　图6 补色混合

7-1　　　　　　　　　　　　7-2

7-3　　　　　　　　　　　　7-4

图7　上色流程

图8　笔尖点戳